现代园林景观
设计现状与未来发展趋势

朱宇林　梁　芳　乔清华　著

NORTHEAST NORMAL UNIVERSITY PRESS
WWW.NENUP.COM

东北师范大学出版社

图书在版编目（CIP）数据

现代园林景观设计现状与未来发展趋势 ／ 朱宇林，梁芳，乔清华著． -- 长春 ： 东北师范大学出版社，2019.2
ISBN 978-7-5681-5531-1

Ⅰ．①现… Ⅱ．①朱… ②梁… ③乔… Ⅲ．①园林设计－景观设计－研究 Ⅳ．① TU986.2

中国版本图书馆 CIP 数据核字（2019）第 039886 号

□策划编辑：王春彦

□责任编辑：卢永康 　　□封面设计：优盛文化

□责任校对：肖茜茜 　　□责任印制：张允豪

东北师范大学出版社出版发行

长春市净月经济开发区金宝街 118 号（邮政编码：130117）

销售热线：0431-84568036

传真：0431-84568036

网址：http://www.nenup.com

电子函件：sdcbs@mail.jl.cn

定州启航印刷有限公司印装

2019 年 3 月第 1 版　　2019 年 3 月第 1 次印刷

幅画尺寸：170mm×240mm　印张：13.75　字数：280 千

定价：69.00 元

前　言

从古至今，园林景观设计都体现了每个时代的不同风貌，具有较强的时代性和较高的审美价值。随着社会经济的发展及生活水平的提高，园林景观已经逐渐深入人们的生活中，从日常起居到生活工作，大到大型公园的规划与设计，小到路边园林景观小品的设计与摆放，园林景观设计已经真正地走进人们的生活，并呈逐渐深入的状态。

园林景观规划与设计是集园林学、生态学、景观学、建筑学、城市规划、环境艺术、园艺、林学、文学艺术等自然与人文科学于一体的高度综合的一门应用性学科。园林景观之所以在当今社会受到广泛的关注，除了与人们的生活息息相关外，还有利于城市的可持续发展，对保护城市的生态环境具有重要的意义。在人们的居住环境中，园林景观做得好与不好，不仅对一座城市及一个乡村的外表形象有重要的影响，还对防风沙，涵养水泥，吸附灰尘，杀菌灭菌，降低噪声，吸收有毒物质，调节气候和保护生态平衡，促进居民身心健康有重要作用。园林景观表现对城市的影响体现在视觉效果上，在大地上作画主要是通过对植物群落、水体、园林建筑、地形等要素的塑造来达到目的的。通过营造人性的、符合人类活动习惯的空间环境，营造出怡人的、舒适的、安逸的景观表现环境。

本书结合古今中外园林景观的发展脉络，研究现代园林景观设计的流程、现代园林景观设计的布局现状、现代园林景观设计的生态发展、地域园林景观设计的发展、植物景观的设计，最后总结现代园林景观设计发展的困境与应对策略，分析未来园林景观设计的发展趋势。

由于编者水平有限，加上时间仓促，书中难免有一些不足之处，欢迎同行和读者批评指正。

目 录

第一章 绪论

园林景观具有丰富的内涵及社会价值，它不是单纯的观赏品。例如，园林中的植物对环境有一定的净化作用；园林中可以举办各种丰富多彩的文化活动。本章初步研究现代园林景观的发展、设计目的、设计意义，通过对比展示中外园林景观设计的不同风格。

第一节 园林景观概述

一、园林的概念

（一）什么是园林

园林是指在一定的地域，运用工程技术和艺术手段，通过改造地形、种植树木花草、营造建筑和布置园路等途径创作而成的具有美感的自然环境和游憩境域。

中国园林是由建筑、山水、花木等组合而成的综合艺术品，富有诗情画意。叠山理水要创造出"虽由人作，宛自天开"的境界，如图 1-1 所示为苏州园林。

图 1-1　苏州园林一景

　　园林是由地形地貌与水体、建筑构筑物和道路、植物和动物等素材，根据功能要求、经济技术条件和艺术布局等方面综合而成的统一体。这个定义全面详尽地提出了园林的构成要素，也道出了包括中国园林在内的世界园林的构成要素。

　　园林是在一个地段范围内，按照富有诗情画意的主题思想精雕细刻地塑造地表（包括堆土山、叠石、理水竖向合计）、配置花木、经营建筑、点缀驯兽（鱼、鸟、昆虫之类），从而创造出一个理想的有自然趣味的境界。

　　园林是以自然山水为主题思想，以花木水石、建筑等为物质表现手段，在有限的空间里创出视觉无尽的、具有高度自然精神境界的环境。

　　现代园林包括的不仅是叠山理水、花木建筑、雕塑小品，还包括新型材料的使用、废品的利用、灯光的使用等，使园林在造景上必须是美的，且在听觉、视觉上具备形象美，如图 1-2 所示。

图 1-2　园林假山

（二）园林的分类及功能

从布置方式上说，园林可分为三大类：规则式园林、自然式园林和混合式园林。规则式园林，其代表为意大利宫殿、法国台地和中国的皇家园林。自然式园林，其代表为中国的私家园林，如苏州园林、岭南园林。以岭南园林为例，建设者虽然效法江南园林和北方园林，但是将精美灵巧和庄重华缛集于一身，园林以山石池塘为衬托，结合南国植物配置，并将自身简洁、轻盈的建筑布置其间，形成岭南庭园畅朗、玲珑、典雅的独特风格，如图1-3所示。混合式园林是规则式和自然式的搭配，如现代建筑。

图1-3 岭南园林

从开发方式上说，园林可分为两大类：一类是利用原有的自然风致，去芜理乱，修整开发，开辟路径，布置园林建筑，不费人事之工就可形成的自然园林。另一类是人工园林，是人们为改善生态、美化环境、满足游憩和文化生活的需要而创造的环境，如小游园、花园、公园等。随着人们生活水平的提高，很多花园式住宅也开始向美观与艺术方向发展，逐渐成为人工园林的一部分。

按照现代人的理解，园林不仅可以作为游憩之用，还具有保护和改善环境的功能。植物可以吸收二氧化碳，释放出氧气，净化空气；能在一定程度上吸收有害气体和吸附尘埃，减轻污染；可以调节空气的温度、湿度，改善小气候；具有减弱噪声和防风、防火等防护作用；园林对人们的心理和精神也能起到一定的有益作用。游憩在景色优美和安静的园林中，有助于消除长时间工作带来的紧张和疲乏，使脑力、体力得到恢复。园林中的文化、游乐、体育、科普教育等活动，还可以丰富知识和充实精神生活。

例如，城市建筑的垂直花园。随着人们对艺术追求的不断提高，园林景观艺术开始向多种类发展，在国外，一个新的分支——垂直花园出现了，这种花园的出现也更好地解释了混合式园林的出现与发展，如图1-4所示。垂直花园在现代城市景观中引起了越来越多人的重视，分析起来，它具有以下几点优势：首先，在任何地方都可以使用；其次，可以改善空气质量；最后，可以绿化环境。垂直花园由三部分组成：一个铁框架、一个板层以及一个毡层。钢架固定在墙体或可以站立，提供隔热和隔音系统；1厘米厚的板片被固定在钢架上面，为整个构筑增加坚固度并起到防水作用；最后一层用聚酰胺材料钉在板层上面，起到防腐蚀作用，同时这种类似毛细血管的设计形式可以起到灌溉的作用。

（a）

（b）

图1-4　雅典娜神庙饭店的垂直花园

二、景观的概念

"景观"（Landscape）一词最早记载于《圣经旧约》之中，是指城市景观或大自然的风景。15世纪，因欧洲风景画的兴起，"景观"成为绘画术语。18世纪，"景观"与"园林艺术"联系到一起。19世纪末期，"景观设计学"的概念广为盛传，使"景观"与设计紧密结合在一起。

然而，不同的时期和不同的学科对"景观"的理解不甚相同。地理学上，景观是一个科学名词，表示一种地表景象或综合自然地理区，如城市景观、草原景观、森林景观等；艺术家将景观视为一种艺术的表现，风景建筑师将建筑物的配景或背景作为艺术的表现对象，生态学家把景观定义为生态系统。有人曾说，"同一景象有十个版本"，可见同一景象，不同的人对其有不同的理解。

按照不同的人对景观的不同理解，景观可分为自然景观和人文景观两大类。

自然景观包括天然景观（如高山、草原、沼泽、雨林等），人文景观包含范围比较广泛，如人类的栖居地、生态系统、历史古迹等。随着人类社会对自然环境的改造及漫长的历史过程的积淀，自然景观与人文景观呈现互相融合的趋势，如图1-5所示。

图1-5　园林景观设计

景观是人类所向往的自然，景观是人类的栖居地，景观是人造的工艺结晶，景观是需要科学分析方能被理解的物质系统，景观是有待解决的问题，景观是可以带来财富的资源，景观是反映社会伦理、道德和价值观念的意识形态，景观是历史，景观是美。总之，景观最基本、最实质的内容还是没有脱离园林的核心。

追根溯源，园林在先，景观在后。园林的形态演变可以用简单的几个字来概括，最初是圃和囿。圃就是菜地、蔬菜园。囿就是把一块地圈起来。将猎取的野生动物圈养起来，随着时间的推移，囿逐渐成为打猎的场所。到了现代，囿有了新的发展，有了规模更大的环境，包括区域的、城市的、古代的和现代的。不同的历史时期和不同的种类成就了今天的园林景观。

三、现代园林景观的概念

我国园林设计大致可以概括为两个阶段，分别为传统园林设计和现代园林设计。但值得注意的是，现代园林设计并没有完全脱离传统园林设计，而是在传统园林设计的基础上加入现代园林设计元素，既传承了传统园林设计，又符合现代园林设计的需求。

中国古典园林被称为世界园林之母，可见中国古典园林的历史文化地位。随着中国近代历史的演变，大量西方文化涌入，"现代园林景观"一词出现，中国的现代园林景观设计面临前所未有的机遇和挑战。

随着我国现代城市建设的发展，绿色园林景观的需求和发展成为园林景观设计界的主旋律。近年来，中国园林景观设计界形成了大园林思想，该理论继承和借鉴了国外多个园林景观理论，其核心是将现代园林景观的规划建设放到城市的范围内去考虑。

现代园林景观强调城市人居环境中人与自然的和谐，满足人们对室外空间的要求，为人类的休闲、交流、活动提供场所，满足人们对现代园林景观的审美需求。

亚龙湾蝴蝶谷是中国第一个设施完善的自然与人工设计巧妙结合的蝴蝶文化公园，也是中国第一个集展览、科教、旅游、购物为一体的蝴蝶文化公园。谷内小桥流水，景色怡人，自然生长着成千上万只蝴蝶，随处可见色彩艳丽的彩蝶在绿树繁花间翩翩起舞，如图 1-6 所示。保护生态环境与开发旅游资源必然会产生很多矛盾，处理不当就会破坏生态环境。亚龙湾开发股份有限公司在设计和开发蝴蝶谷方面进行了有益的探索，并取得了显著成效。蝴蝶谷的每一处建筑都巧妙地利用了这里的原始山水及植被，使原始的生态资源得以充分利用和保护。园内的小桥、流水、幽谷、鲜花和翩翩起舞的彩蝶以及各类粗犷的原始植被，构成了一个幽静、自然的世外桃源。

图 1-6　亚龙湾蝴蝶谷的生态景观

中国现代园林景观设计以小品、雕塑等人工要素为中心，水土、地形、动植物等自然元素成了点缀，心理上的满足胜于物质上的满足。现代设计师甚至对自然的认识更加模糊，转而追求建筑小品、艺术雕塑等所蕴含的象征意义，用象形或隐喻的手法，将人工景观与自然景物联系在一起。Orchideorama 蜂巢建筑小品的设计师将 Orchideorama 建筑小品融入自然景物中，不但有很强的视觉冲击力，而且与生态相融合，体现了现代景观设计的价值观，如图 1-7 所示。从外观上看，Orchideorama 的外形酷似蜂巢，也因此而得名。Orchideorama 的修建就像种植花草一样，一株花长成了，旁边就会长出另外一株，直到整个花园成型。花草可以被种植在任何可能的地方，自身的生长结构能很快地与土地结构相适应，使建筑和有机生命体有效地结合起来。从微观上看，自定义的几何图案以及材料的组织结构都让建筑本身具有一种生活的性质；从宏观上看，整个建筑有一种很强的视觉效应，每一个单体都采用了蜂窝的几何形态连在一起，有系统地重复，不断地延伸开来，跟茂密的植物很好地融合在一起。

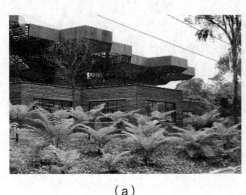
（a）

（b）

图 1-7　蜂巢建筑小品外观

四、现代园林景观的意义

社会的发展与景观的发展密切相关，社会的经济、政治、文化现状及发展对景观的发展都有深刻的影响。例如，历史上的工业革命促进了社会的发展，也促进了景观内容的发展，推动了现代景观的产生。可见，社会的发展、文化的进步能促进园林景观的发展。

然而，随着社会的发展，能源危机和环境污染的问题也随之出现，无节制的生产方式使人们对生存环境的危机感逐渐增强，于是保护环境成为人们的共识，从而更加注重景观的环保意义。因此，社会结构影响景观的发展，景观的发展也影响社会的发展，两者是相互促进、相互作用的。

现代园林景观以植物为主体，结合石、水、雕塑、光等进行设计，营造出适合人类居住的、空气清新的、具有美感的环境，如图 1-8 所示。

图1-8　园林景观与住宅

　　现代园林景观的意义如下。首先，景观能满足社会与人的需求。景观在现代城市中已经非常普遍，并影响着人们生活的方方面面。现代景观需要满足人的需求，这是其功能目标。虽然如今的景观多种多样，但是景观设计最终关系到人的使用，因此景观的意义在于为人们提供实用、舒适、精良的设计，如图1-9所示。其次，现代园林被称为"生物过滤器"。在工业生产过程中，环境所承受的压力越来越大，各种排放气体如二氧化碳、一氧化碳、氟化氢等，对人的身体健康产生一定的威胁。国外的研究资料显示，现代园林因绿化面积较大，能过滤掉大气中80%的污染物，林荫道的树木能过滤掉70%的污染物，树木的叶面、枝干能拦截空气中的微粒，即使在冬天落叶树也仍然保持60%的过滤效果。最后，现代园林能改善城市小气候。所谓小气候，是指因地层表面的差异性属性而形成的局部地区气候，其影响因素除了太阳辐射外，还有植被、水等因素。有研究发现，当夏季城市气温为27.5℃时，草地表面温度为22～24.5℃，比裸露地面低6～7℃。到了冬季，绿地里的树木能降低风速的20%，使寒冷的气温不至降得过低，起到保温作用。

图1-9　让人倍感舒适的园林景观设计

泰禾红御西区 15 栋别墅（B36 ～ B50）及中央景观带范围内的园林景观工程等 44 项园林绿化工程被评为优质工程，如图 1-10 所示。泰禾红御西区 15 栋别墅 (B36 ～ B50) 及中央景观带范围内的园林景观工程，景观面积为 8 200 平方米，绿地面积为 4 600 平方米，绿化覆盖率达到 56％。其中，常绿乔木有 86 株，落叶乔木有 213 株，常绿灌木有 82 棵，落叶灌木有 260 棵，花卉种植面积为 500 平方米，草坪面积为 3 137 平方米。泰禾红御西区是住宅园林景观设计。在现代生活中，工业生产排放的有毒气体成为困扰人们生活的因素之一，绿色的居住环境能使大气污染得到改观，并且使人们心情愉悦，从绿化的角度为人们创造好的居住和生活环境。

（a）　　　　　　　　　　　　　　（b）

图 1-10　北京泰禾红御园林景观

北欧国家及德国的设计师已在全球树立了榜样。在那里，景观的社会性是第一位的，日常生活的需要是景观设计的重要出发点，设计师总是把对舒适和适用的追求放在首位，不追求表面的形式，不追求前卫、精英化与视觉冲击效果，而是着眼于追求内在的价值和使用功能。这种功能化的、朴素的景观设计风格应该赢得人们的尊敬，如图 1-11 和图 1-12 所示。

图 1-11　北欧住宅门前的绿地　　　　图 1-12　北欧住宅门前的绿地

在美国南加州，景观设计师 Scott Shrader 以其设计的舒适、都市化的设计风格而闻名。他自己的住所是一个 1 600 平方米的西式复古风格的别墅，将砖石混凝土大庭院转化成三个稍显私密的小空间，如图 1-13～图 1-15 所示。在后花园，他以砖和混凝土将后院分成三个 45 平方米的区域并定制了法式大门，花园两边有两棵橄榄树，里面包括沃尔特·兰姆设计的椅子、1 个用回收的脚手架制作的桌子、Guatemalan 铺路材料和雕塑家 Simon Toparovsky 设计的名为 "Flight of Icarus" 的雕塑。当代园林景观继承了传统园林景观居住的实用性，适宜人类生活、游憩、居住。从图片中可以看出，植物与其他元素配合得相当融洽，颜色搭配给人舒适的感觉，摆件和陈设能给人带来精神上的放松。

图 1-13　Scott Shrader 的后花园大门　　图 1-14　Scott Shrader 的后花园植物景观

图 1-15　Scott Shrader 的后花园景观一角

五、现代园林景观设计的目的

现代园林设计的最终目的是保护与改善城市的自然环境，调节城市小气候，维持生态平衡，增加城市景观的审美功能，创造出优美自然的、适宜人们生活游憩的最佳环境系统。园林从主观上说是反映社会意识形态的空间艺术，因此它在满足人们休息与娱乐的物质文明需要的基础上，还要满足精神文明的需要。

随着人类文明的不断进步与发展，园林景观艺术因集社会、人文、科学于一体，不断受到社会的重视。园林景观设计的目的在于改善人类生活的空间形态，因而采用改造山水或开辟新园等方法给人们提供了一个多层次、多空间的生存状态，利用并改造天然山水地貌或人为地开辟山水地貌，结合建筑的布局、植物的栽植从而营造出一个供人观赏、游憩、居住的环境。

园林景观设计将植物、建筑、山、水等元素按照点、线、面的集合方式进行安排，设计师借助这一空间来表达自己对环境的理解及对各元素的认识，这种主观的设计行为旨在让人们获得更好的视觉及触觉感受。

例如，Shell 度假别墅园林是日本设计师井泽的作品。该作品将立体构成的元素与园林景观设计结合，成为现代园林的典范之作。将点、线、面结合在一起，依靠自然环境加之自己对环境及园林的理解进行构筑，给人们带来美的感受，是园林景观设计师孜孜不倦的追求，如图 1-16 所示。

（a）　　　　　　　　　　　（b）

图 1-16　Shell 度假别墅园林设计

第二节 中国园林景观设计发展史

中国园林景观的漫长发展历程是中国古典文化的一部分，也是中国传统文化的重要组成部分。它不仅影响着亚洲汉文化圈，还影响着欧洲园林景观文化，在世界园林体系中占有重要地位。中国传统园林，亦被称为中国古典园林，历史悠久、文化含量丰富，在王朝变更、经济兴衰、工程技术变革的历史长河中，特色鲜明地折射出中国人特有的自然观、人生观和世界观的衍变，成为世界三大园林体系之最，极具艺术魅力。中国的传统文化思想及中国传统艺术对中国园林景观设计有深刻的影响，在园林发展过程中留下深深的履痕。

一、中国古典园林景观的发展阶段

中国古典园林景观形成于何时，至今没有明确的史料记载，但就园林设计与人类生活的密不可分性可以推断出，在原始社会时期，虽然生产力低下，但人们已经有了建造园林的想法，只是缺乏造园活动的能力。

《礼记·记运》中称"昔者先王未有宫室，冬则尽营窟，夏则居橧巢。未有火化，食草木之实，鸟兽之肉，饮其血，茹其毛。未有麻丝，衣其羽皮。"可见，在生产力低下的原始社会，虽然人们有了改造自然、征服自然的意识，但是没有能力进行造园活动。

当人类社会经历了石器时代后，开始从原始社会向奴隶社会转变，奴隶主既有剩余的生活资料又有建园的劳动力，因此为了满足他们奢侈享乐的生活需要，园林开始出现，中国古典园林的第一个阶段即形成阶段开始出现。

（一）中国古典园林景观的萌芽阶段（夏商周时期）

我国古代第一个奴隶制朝代——夏朝，其农业和工业都有了一定的基础，为造园活动提供了物质条件。夏朝出现了宫殿的雏形——台地上的围合建筑，可以用来观察天气，通常在围合建筑前种植花草。

随着生产力的发展，商朝出现了"囿"。根据文献资料《说文解字》的记载，"囿，养禽兽也"，《周礼·地官司徒》的记载，"囿人掌囿游之兽禁，牧百兽"，均显示囿是为了方便打猎，用墙围起来的场地。到了周朝，"囿"发展为在圈地中种植花果树木及圈养禽兽。中国古代园林的孕育完成于囿、台的结合。"台"在"囿"之前出现，是当时人们模仿山川建造的高于地面的建筑，可以眼观八方，方便指挥狩猎。

由此可见，中国的园林是从殷商时期开始的，囿是中国传统园林的最初形式。很多学者认为，囿这种园林景观中的活动内容和形式在中国整个封建社会产生了很大的影响。清朝时期，皇帝还会在避暑山庄中骑马射箭，可见也是沿袭了奴隶社会的传统。

（二）中国古典园林景观的形成阶段（秦汉时期）

秦汉时期是我国园林发展史上一个承前启后的时期，初期的皇家宫廷园林规模宏大。西汉中期受文人影响，开始出现诗情画意的境界。东汉后期，园林趋向小型化，很多皇亲国戚、富贾巨商都开始投资园林，标志着我国古典私家园林的兴起。

战国时期，宫苑奠定了"苑"的形成机制，这个时期的宫苑是皇家园林的前身。随着封建帝国的形成，皇家园林的规模也逐渐扩大，规模宏大、气魄雄伟是这个时期造园活动的主要风格。

秦统一六国后，建立了前所未有的大一统王朝，修建大大小小300处宫苑，"苑"的规模得到了发展。

公元前206年，刘邦建立了西汉王朝，在政治、经济方面承袭了秦王朝的制度。秦末农民战争之后的西汉经济发展迅速，成为中国封建社会经济发展最活跃的时期之一，此时王宫贵族、富商巨贾生活奢侈，地主、大商开始建园。西汉的园林继承了秦代皇家园林的传统，并进一步发展。例如，秦汉时期的上林苑以秦为鉴，在秦的基础上形成了苑中苑的布局，形成了"苑中套苑"的基本格局，奠定了园林组织空间的基础。东汉时期的皇家园林数目不多，但园林的游赏水平和造景效果达到了一定的水平。

由此可见，汉代园林是中国园林史上的重要发展阶段，在此阶段得到发展的皇家园林成为中国古典园林的重要分支。西汉园林对秦代园林的形式有了进一步的发展，将囿苑向宫宅园林发展。东汉时期，皇家园林开始展现出诗情画意的意境，文人园林逐渐形成，为魏晋南北朝时期园林的发展奠定了基础。

汉代园林的造园风格：皇家宫苑是西汉造园活动的主流，它继承秦代皇家宫苑的传统，保持其基本特点又有所发展、充实。宫苑是汉代皇家园林的普遍称谓，其中"宫"有连接、聚集的含义，通常指帝王住所、宗庙、神庙；"苑"原意为"养禽兽所也"，后多指帝王游猎场所。

"体象天地""天人之际"是两汉时期造园手法的突出表现。这个时期，山、水、植物和建筑已经成为造园的四大基本要素。

在汉代园林中有以下几大造园手法值得研究：

第一，人工叠山。两汉时期，蓬莱神话盛行，宫苑中很多景色都模仿神话传说中的三仙山进行修建。西汉梁孝王建筑的梁园，又称兔园，"园中有百灵山、落猿岩、栖龙岫、雁池、鹤洲、凫渚，宫观相连，奇果佳树，错杂其间，珍禽异兽，出没其中"，可见当时叠山的规模。两汉时期以土和石筑山的叠山方式，为魏晋南北朝时期的自然山水园提供了借鉴，在园林史上具有重要的意义。

第二，用水。水是园林景观构成中的重要因素，无水不活、无水不秀。前面案例中已经提到了汉代的上林苑。上林苑中拥有数量众多的水体，如太液池、昆明池等，水体的运用大大开拓了园林的艺术空间，使园林在空间造型中起伏有致、疏密相间。

第三，动植物成为造园必不可少的因素。上林苑中的动植物景观表现出汉代造园的显著特点，动植物的存在不仅是满足起初狩猎的需要，还要满足园林的观赏价值。

第四，建筑的营造也是两汉时期造园的重要因素。汉代木结构的工艺水平得到了迅速的发展，这从西汉初期主要以高台建筑为主，西汉末年楼阁建筑大量出现的历史记载中可以得到证实。在结构上，汉代建筑的台梁、穿斗、井干三种水平木质结构形式已基本形成，竖向构架形式也开始出现并奠定了以后 1 000 多年高层木构建筑的基础。

汉代建筑在立面上通常按三段式划分，包括台基、屋身、屋顶三部分。台基多为夯土夯实，外包花纹砖。高台建筑台基很高，西汉早年有几十米高的，以后逐渐降低。

（三）中国古典园林景观的发展阶段（魏晋南北朝时期）

东汉后期，由于多年战乱，社会经济遭到了极大的破坏。魏晋南北朝时期，北方少数民族入侵，当时的帝国处于分裂状态，意识形态方面也突破了儒家思想的主导地位，呈现出百家争鸣的局面。社会动荡不安，儒家思想失去独尊地位，思想的解放带来人性的解放，多元的思想潮流在这个时期开始涌现，归隐田园、归依山门、寄情山水、玩世不恭成为人们面对现实的直接反映。刘勰的《文心雕龙》、钟嵘的《诗品》、陶渊明的《桃花源记》等许多名篇，都是在这一时期创作的。寄情于山水的实践活动不断增加，关于自然山水的艺术领域不断扩张。在此社会背景下，私家园林开始盛行，皇家园林的影响相对减小，佛教和道教的流行使佛观寺院也开始流行。

以自然美为核心的美学思潮在这个时期发生了微妙的变化，从具象到抽象、从模仿到概括，形成了源于自然又高于自然的美学体系。园林的狩猎、求仙等功能消失，游赏活动成为主导功能甚至唯一功能。

这个时期是以山水画为题材的创作阶段。文人、画家参与造园，进一步发展了"秦汉典范"。北魏张伦府苑，吴郡顾辟疆的"辟疆园"，司马炎的"琼圃园""灵芝园"，吴王在南京修建的宫苑"华林园"等，是这一时期有代表性的园苑。"华林园"（即芳林园）规模宏大，建筑华丽，时隔许久，晋简文帝游乐时还赞扬说："会心处不必在远，翳然林水，便有濠濮涧想也。"

魏晋南北朝时期的造园活动是从生成期到全盛期的转折，初步确立了园林的美学思想，奠定了中国风景式园林的发展基础。此时的园林景观摆脱了原有风格的束缚，追求自由、自然的建设风格，使园林景观向艺术形式方向靠拢，为中国古典园林的发展埋下了重重的伏笔。

（四）中国古典园林景观的全盛阶段（隋唐时期）

隋唐时期（581～907）是中国封建社会的鼎盛时期，随着社会政治经济制度的完善，皇家园林的发展进入了全盛时期。隋唐时期的园林景观设计较魏晋南北朝时期艺术水平更高，开始将诗歌、书画融入园林景观设计中，抒情、写意成为园林景观设计的基本艺术概念。主题园林在这一时期开始萌芽，兴起于宋代，成为容纳士大夫荣辱、理想的艺术载体。此时的园林景观设计是继魏晋南北朝时期"宛若自然"的园林景观设计之后的第二次质的飞跃。

促进园林景观设计出现质的飞跃的因素主要有以下两点。

第一，隋朝结束了魏晋南北朝时期的战乱状态，统一了全国，沟通了南北地区的经济。盛唐时期，政局稳定，经济文化繁荣，人们开始追求精神上的享受，造园就成了精神及物质享受的重要途径。

第二，科举制度的盛行使做官的文人增多，园林成为他们的社交场所。中唐时期，文人直接参与造园，他们的文学修养和对大自然的领悟使他们的私家园林更加具有文人气息，因此这种淡雅清新的格调再度升级，成为具有代表性的"文人园林"。

隋朝时期全国统一，政治经济繁荣，皇帝生活奢侈，偏爱造园，隋炀帝"亲自看天下山水图，求胜地造宫苑"。迁都洛阳后，"征发大江以南、五岭以北的奇材异石，以及嘉木异草、珍禽奇兽"，都运到洛阳去充实各园苑，一时间古都洛阳成了以园林著称的京都，"芳华神都苑""西苑"等宫苑都极尽豪华。这些皇亲贵族将天下的景观都融入自家的园林中，使人足不出户就能享受自然的美景。

唐朝继承了魏晋南北朝时期的园林风格，但开始有了风格的分支。以皇亲贵族为主的皇家园林精致奢华，禁殿苑、东都苑、华清宫、太极宫、神都苑、翠微宫等，都旖旎空前。

除了奢华的皇家园林外，还有以文人官僚为主的清新雅致的私家园林。唐宋时期流行山水诗、山水画，这必然影响到园林的创作，将诗情画意融入园林，以景入画，以画设景，成为"唐宋写意山水园"的特色。

当时，比较有代表性的有庐山草堂、浣花溪草堂、辋川别业等，比较有代表性的造园文人有白居易、柳宗元、王维等。文人官僚开发园林、参与造园，通过这些实践活动逐渐形成了比较全面的园林观——以泉石竹树养心，借诗酒琴书怡性，这对宋代文人园林的兴起及其风格特点的形成也具有一定的启蒙意义。如图1-17所示为白居易的庐山草堂，如图1-18所示为杜甫草堂。

图1-17　白居易的庐山草堂

图1-18　杜甫草堂

（五）中国古典园林景观的成熟阶段（两宋到清中期）

当中国封建社会发展到两宋时期，地主的小农经济已经定型，商业经济也得到空前的繁荣，浮华的社会风气使上至帝王、下至庶民都讲究饮食玩乐，大兴土木、广建园林。封建文化开始转向精致，开始实现从总体到细节的自我完善。两宋时期的科学技术有了长足的进步，无论是理论上的《营造法式》和《木经》等建筑工程著作的流行，还是树木、花卉栽培技术的提高，园林叠石技艺的提高（宋代已经出现了以叠石为专业的技工，称"山匠"或"花园子"）都为园林景观设计提供了保证。种种迹象表明，中国古典园林景观设计自两宋开始已经进入了成熟阶段。

中国古典园林发展到宋代更加成熟。在建筑技术方面，宋代的建筑技术继承和发展了唐代的形式，无论单体还是群体建筑，都更加秀丽，富有变化。宋代的建筑技术无论在结构上还是在工程做法上较之唐代都更加完善，从傅熹年先生的东京皇城复原图可以看出，宋代的皇家园林规模更加宏大。

宋代的皇家园林中，除了艮岳外，还有玉津园、瑞圣园、宜春苑、金明池、琼林苑等。以玉津园和金明池为例，玉津园是皇家禁苑，宋初经常在此习射赐宴，后期因为艮岳的兴建，地位逐渐降低。金明池中有水心五殿、骆驼虹桥，并且在北宋时期不断增修，在当时的皇家园林中占有重要地位。北宋初年，私家园林遍布都城东京，这些私家园林的修建者多是皇亲国戚。除东京外，当时的文化中心洛阳也有很多私家园林，李格非的《洛阳名园记》是有史以来第一部以园林为题材的著作，记载了洛阳不同类型的私家园林。两宋时期是中国古典园林进入成熟期的第一个阶段。皇家、私家、寺观三类园林景观已经完全具备了中国风景式园林的主要特点。这一时期的园林景观艺术起到了承前启后的作用，为中国古典园林进入成熟期的第二个阶段打下了基础。如图1-19所示为宋代的相国寺。

图1-19　相国寺一景

元大都的苑囿虽然沿用了前朝的旧苑，但还是依据当时的需要进行了增筑和改造，出现了前所未见的盈顶殿、畏瓦尔殿、棕毛殿等殿宇形式，殿宇材料及内部陈设也都沿用了元人固有的风俗习惯。紫檀、楠木、彩色琉璃、毛皮挂毯、丝质帷幕以及大红金龙涂饰等名贵物品的使用和艳丽的色彩，形成了元代独有的特色。

元代的私家园林继承和发展了唐宋以来的文人园形式，其中较为著名的有河北保定张柔的莲花池、江苏无锡倪瓒的清闷阁云林堂、苏州的狮子林、浙江归安赵孟頫的莲庄以及元大都西南廉希宪的万柳园、张九思的遂初堂、宋本的垂纶亭等。有关这些园林的详尽文字记载较少，但从保留至今的元代绘画、诗文等与园林风景有关的艺术作品来看，园林已成为文人雅士抒写自己性情的重要艺术手段。

由于元代统治者的等级划分，众多汉族文人往往在园林中以诗酒为伴、弄风吟月，这对园林审美情趣的提高是大有好处的，也对明清园林有较大的影响。

2006年5月25日，狮子林作为元代古建筑，被国务院批准列入第六批全国重点文物保护名单。如图1-20所示，咫尺之内再造乾坤，苏州园林被公认为是实现这一设计思想的典范。这些建造于16～18世纪的园林，以其精雕细琢的设计，折射出中国文化中取法自然而又超越自然的深邃意境。狮子林主题明确，景深丰富，个性分明，假山洞壑匠心独具，一草一木别有风韵。苏州园林在有限的空间范围内，利用独特的造园艺术，将湖光山色与亭台楼阁融为一体，把生意盎然的自然美和创造性的艺术美融为一体，不出城市便可感受到山林的自然之美。此外，苏州园林还有极为丰富的文化底蕴，它所反映出的造园艺术、建筑特色以及文人骚客留下的诗画墨迹，无不折射出中国传统文化的精髓和内涵。

图1-20　苏州狮子林园林景观

随着中国封建社会进入明清时期，社会经济高度繁荣，园林的艺术创作也进入了高峰期。由于明朝时期封建专制制度达到顶峰，皇家园林多结构严谨，江南的私家园林成为明朝时期的主要成就，如图1-21所示的苏州拙政园。

图 1-21　苏州拙政园

　　清代自康熙至乾隆祖孙三代共统治中国达 130 多年，这是清代历史上的全盛时期，此时的苑囿兴建几乎达到了中国历史上前所未有的高峰。社会稳定、经济繁荣为建造大规模写意自然园林提供了有利条件，如圆明园、避暑山庄、畅春园等，如图 1-22 ～图 1-24 所示。

图 1-22　圆明园

图 1-23　避暑山庄

图 1-24　畅春园

（六）中国古典园林景观的成熟后期（清中期到清末期）

园林的发展，一方面继承前一时期的成熟传统且更趋于精致，表现出中国古典园林的辉煌成就；另一方面则暴露出某些衰颓的倾向，丧失前一时期的积极、创新精神。清末民初，封建社会完全解体，历史发生急剧变化，西方文化大量涌入，中国园林的发展也相应地产生了根本性的变化，结束了它的古典时期，开始进入园林发展的第三阶段——现代园林的阶段。

由于西方文化的冲击、国民经济的崩溃等原因，这个时期的园林创作由全盛转向衰落，但中国园林的成就达到了历史的巅峰，其造园手法被西方国家推崇和模仿，在西方国家掀起了一股中国园林热。中国园林艺术从东方到西方，成为被全世界公认的园林之母、世界艺术之奇观。

中国造园艺术以追求自然精神境界为最终和最高目的，从而达到"虽由人作，宛自天开"的审美情趣。它深浸着中国文化的内蕴，是中国五千年文化史造就的艺术珍品，是一个民族内在精神品格的写照。

二、中国传统园林景观的美学特点

中国传统园林是中国建筑中综合性和艺术性最高的类型。上文中已经梳理了中国园林艺术的悠久历史，中国园林在以诗画为主体的封建社会文化中发展，将自然与人造结合，蕴含着不同于世界其他国家和地区园林艺术的美学特点。

第一，中国传统园林的造园方法源于自然且高于自然。

明代造园专家计成在《园冶》中提到："虽由人作，宛自天开。"

自然风景以山、水等地貌为基础，山、水、植被是构成自然景观的基本要素，这也是中国古典园林的基本构成因素。但园林毕竟是人造景物，并不是对自然景观的照搬，而是通过人的审美经验所建构的。

东晋简文帝入华林园时说的"会心处不必在远，翳然林水，便自有濠濮涧想也，觉鸟、兽、禽、鱼，自来亲人"（摘自《世说新语》），明代计成《园冶》中"有真为假，做假成真"的说法，都强调了园林审美活动中主体与自然的密切关系。

对自然构景要素进行有意识地改造、调整、加工，表现出一个精练的、概括的典型化自然，这个特点在中国传统园林中主要体现在筑山、理水、植物配置方面，如图 1-25 所示。

图1-25 古典园林的经典形态

第二，中国传统园林建筑美与自然美相结合。

中国古典园林将山、水、花木三个造园要素有机地组织在一起，形成一系列风景画，无论园林大小，都将三者彼此协调、互相补充。有学者认为，中国古典园林就是"建筑美与自然美的融糅"，这种人工与自然高度协调的境界在中国古典园林中得到淋漓尽致的体现，如图1-26和图1-27所示。

图1-26 苏州园林中建筑与三要素的结合

图1-27 皇家园林——颐和园的景致

第三，"诗情画意"是中国园林区别于其他园林的独有风格。

宋代诗人周密有诗云："诗情画意，只在阑干外，雨露天低生爽气。一片吴山越水。"这句词中的"诗情画意"是指画里描摹的能给人以美感的意境，这与园林给人们的感觉相似。"文学是时间的艺术，绘画是空间的艺术"，园林设计不仅要考虑山、水、植物等因素，还要考虑人对其产生的影响及气候等条件的影响。中国古典园林作为人类的杰作，融合了中国传统文化中的多种艺术，这也是中国园林区别于世界各大园林最重要的原因。

中国画与中国古典园林被学者认为是"姊妹艺术"，两者血脉相连、相互渗透、互为影响。中国画的立意、层次、叙事等手法都与中国古典园林的造园手段吻合，例如，南宋赵夏圭的《长江万里图》、北宋王希孟的《千里江山图》（图1-28）、北宋张择端的《清明上河图》（图1-29）等书画长卷，其山水章法都如同一个大园林；北京圆明园的四十景，承德避暑山庄的三十六景等，如果将这些景物展开，则都是一幅独立的山水长卷。

图1-28 北宋王希孟《千里江山图》（局部）

图1-29 北宋张择端《清明上河图》（局部）

第四，中国古典园林中的意境之美。

中国古典园林虽然南北差异较大，但两者有共同的特点，就是园中有意境。

意境是一个很复杂的概念，它包含"意"与"境"。所谓"意"既指艺术形象，又指创作者内心的想法和受众的观赏图像，是创作者传递给受众内心的主观感受。

中国园林艺术是自然环境、建筑、诗、画、楹联、雕塑等多种艺术的综合。

园林意境产生于园林境域的综合艺术效果，能给予游赏者以情意方面的信息，唤起以往经历的记忆联想，产生物外情、景外意。

园林景观设计是一种审美体验，"虽由人作，宛自天开""巧于因借，精在体宜"，体现了中国古人园林景观设计的总体理念，如图1-30所示。

图1-30　中国古典园林景观

第三节　东西方园林景观风格的比较

一、东方园林景观风格

东方园林景观以含蓄、内秀、恬静、淡泊、自省为美，重在情感上的感受和精神上的领悟，哲学上追求的是人与自然的和谐统一。其主要是将自然界中的客观存在按照形状、比例等进行组合，可以看出，东方园林以对自然的主观把握为主。

东方园林在空间上追求峰回路转、无穷无尽的境界，是一种模拟自然、追求自然的"独乐园"。所谓"一花一世界，一树一菩提"，将这种抽象的话语融入可以直接感受的园林中，就是古典园林的诗情画意。东方园林的含蓄与掩藏妙在"身心尘外远，岁月坐中忘"的境界；东方园林的含蓄亦精在曲折幽深、小中见大，有"遥知杨柳是门外，似隔芙蓉无路通"的境界。

网师园（图1–31）是苏州园林中极具艺术特色和文化价值的中型古典山水宅园代表作品。网师园始建于1174年（南宋淳熙初年），其以水为中心，环池亭阁，山水错落，疏朗雅适，廊庑回环。古树花卉以古、奇、雅、色、香、姿见著，与建筑、山池相映成趣，构成主园的闭合式水院。水池东、南、北方向的射鸭廊、濯缨水阁、月到风来亭及看松读画轩、竹外一枝轩，集中了春、夏、秋、冬四季景物及朝、午、夕、晚一日中的景色变化。作为一处成功的园林典范，网师园虽占地面积不大，但设计布局中运用了多种造景、组景手法，在叠山、理水、植物等景观方面也有独到之处，使人可在咫尺园林之中可以看淡山水——山不高而又峰峦起伏、水不深而有汪洋之感，由此，我们可以吸取借鉴它的许多成功经验，也可以进一步提高审美情趣。

图1–31　网师园景观

二、西方园林景观风格

西方园林景观以开朗、活泼、规则、严谨、对称、整齐为美。古希腊哲学家以"秩序"为美，认为经过人工造型的植物才是美的。因此，在西方园林中，随处可见修葺整齐的植物和道路。另外，西方园林讲求一览无余，追求图案的美、人工的美，追求改造自然和征服自然的美，大多是一种开放的形式，是供多数人享乐的"众乐园"。

以兰特庄园（图1-32）为例来领略意大利古典园林的特色。在空间尺度和整体布局上，兰特庄园从主体建筑、水体、小品、道路系统到植物种植，都充满了文艺复兴时期建筑典型的均衡、大度和巴洛克式的夸张气息。它的园林布局呈中轴对称、均衡稳定、主次分明，各层次间变化生动，又通过恰到好处的比例掌控形成了一个和谐的整体。台地是"靴国"意大利园林的一大特征，兰特花园也不例外，由四个层次分明的台地组成：平台规整的刺绣花园、主体建筑、圆形喷泉广场、观景台（制高点）。兰特庄园为巴洛克式庄园，以规则式布局为主，以自然景物配置为辅。庄园以水景和花坛为中心主题，各级台地用中央轴线的水线相连，并且在各个台地上设有水景欣赏。

图1-32　兰特庄园

三、中英两国园林景观风格对比

通过中国自然山水式园林与英国自然风景式园林的发展历程的对比研究，可发现中英两国园林的相似之处。

第一，从造景的构成元素来看，中英两国的园林造景都离不开山、水、植物。中国园林的水景是中国自然山水式园林的主景之一，其聚散、开合、收放、曲直都极有章法。植物以观形为主，用石则讲究"瘦、漏、透、皱"。既可以各自成为主景，也可以三者结合，成为组景。英国自然风景式园林常常将水体结合地形，造成两岸缓缓的草坡斜侵入水的美景。英国园林中的植物以树丛与大面积的草地为主，注重树丛的疏密、林相、林冠线、林缘线结合地形的处理。英国园林中山石的利用不如中国自然山水式园林中多见，仅用以点缀。

第二，从艺术法则方面看，中国园林与英国园林都"源于自然，高于自然"。中国景观艺术的根本艺术法则主要来源于道家的"道法自然"。受这种思想的影响，中国的造园艺术从一开始就视自然为师、为友。然而，中国自然山水式园林绝非一般地利用或简单地模仿山、水、植物等构景要素的原始状态，而是有意识地加以改造、调整、加工、剪裁，从而再现一个精练、概括的自然。英国自然风景式园林的设计中也同样强调"源于自然，高于自然"的观念，设计均是以崇尚自然，讴歌自然，赞叹造物的多样与变化为美学目标。同时，英国的造园家深知适当地去修饰自然的重要性。英国皇家植物园的设计师钱伯斯认为，自然需要经过加工才会"赏心悦目"，对自然进行提炼修饰，才能使景致更为新颖。

第三，关于诗画对园林景观的影响。人们都喜欢用诗情画意来形容中国园林的美。的确，在我国传统园林的发展中，园林艺术和它的左右近邻——山水画和田园诗文建立了密切的关系。"诗情画意"是中国园林的精髓，也是造园艺术所追求的最高境界。英国自然风景式园林的发展也离不开绘画，许多园林以绘画为蓝本。从肯特到布朗、钱伯斯，他们的设计都受到绘画的影响，甚至有些造园家本身就是一个画家。

由于历史文化的不同，中国自然山水式园林与英国自然风景式园林也存在相当大的差异。本质上说，中西自然风格的园林仍然是两种完全不同风格的园林艺术。总的来说，"自然"在这两种园林中体现出不同的性格，中国自然式园林是一种内向的自然，英国自然风景式园林是一种外向的自然。

第一，关于对自然的改造程度。"源于自然，高于自然"是中国自然山水式园林的总的艺术法则。中国园林有意识地对自然加以提炼、加工、改造，从而再现一个精练的、概括的、典型化的自然。而英国园林的造园艺术则表现为"顺应自然、改造自然"。大部分的自然风景式园林只是充分利用自然界原有的地形、地貌以及植物、建筑，对不大和谐的地方进行适当改造，以保证景象的高度完美。

第二，关于园林功能。中国园林一直都拒绝功利主义的倾向，虽然园林建设有休息和娱乐的目的，但中国园林的功能一直以来都是以少数文人精神自我满足为主，物质功能从未成为中国园林的重要功能。相反，英国人很快就把花园变成实用的场所，放牧、种植果蔬等都成为英国园林的功能。与中国园林相比，英国园林的服务对象更广泛，也更具开放性和公众性。

从以上的分析可知，中国自然山水式与英国自然风景式园林虽然都属于风景式园林，在总的美学原则上有很多相近的地方，但在园林的具体形态上产生了本质的区别。归根结底，这种区别是由中英两国不同的政治经济制度和生产力发展特点造成的。

这两种风格园林的造园艺术在今天也有很多值得借鉴和学习之处，我们可以充分吸收其精华和优点，运用到现代景观设计中去。

第二章 现代园林景观设计流程现状

中国古代园林的辉煌成就使中国园林被称为世界园林之母。历史推进到现当代，中国园林与世界园林出现了大发展、大融合的局面，虽然发展中存在不足，但总体势头对中国现代园林的发展有着积极的作用，另外现代园林中不乏借用中国古典园林的造景原则。

第一节 现代园林景观的设计要素

现代园林景观的设计要素可分为两大类：一类是软质要素，如植物、水、风、雨、阳光等；另一类是硬质要素，如铺地、墙体、栏杆、建筑、小品等。软质要素通常是自然的；硬质要素通常是人造的。

一、软质要素

（一）园林景观设计的植物要素

植物在园林景观艺术中起到了很大的作用。植物造景是利用乔木、灌木、藤木、草本植物来创造景观，发挥植物的形体、线条、色彩等自然美，配置成一幅美丽动人的画面，供人们观赏，如图 2-1 所示。

图 2-1　利用台阶营造植物层次

植物在园林中有以下作用。

1. 观赏功能

不同的植物形态各异、颜色多变，可给人们带来艺术的享受。可利用植物的不同特征和配置方法，塑造出不同的植物空间。例如，纪念性建筑植物配置主要体现其庄严肃穆的场景，多用松、柏等，且多列植和对植于建筑前，如图 2-2 所示；塔状植物突出了建筑内部效果，使建筑显得更加高大，如图 2-3 所示；植物配置软化了入口的几何线条，起着增加景深、延伸空间的作用，如图 2-4 所示。

图 2-2　纪念性建筑植物配置　　　图 2-3　塔状植物　　　图 2-4　增加景深的植物配置

另外，在成活率达标的基础上，利用植物造景艺术原理，形成疏林与密林交错、天际线与林缘线优美、植物群落搭配美观的园林植物景观，如图 2-5 所示。

图 2-5　园林植物小品的艺术构图

2. 净化空气功能

合理配置绿化可以吸收空气中的有害气体，起到净化空气的作用，给人们提供一个安静清新的园林空间。

3. 改善气候功能

植物是改善小气候、提供舒适环境的最经济的手段。植物通过自身的特点，可以挡住寒风（图 2-6），也可以作为护坡材料，减少水土流失。

图 2-6　墙体植物能够挡住寒风

（二）水体是园林景观设计的软质要素之一

水体是园林景观中最具动态特征的元素。水的外在特性是随着水体容器的变化而变化的，所以水体具有可塑性。

水体有动水和静水之分。静有安详，动有灵性，如图2-7、图2-8所示。

图 2-7　泳池成为静水景观的元素

图 2-8　瀑布是动水景观的元素

动水包括喷泉、瀑布、溪涧等，静水包括潭、湖等。

喷泉在现代景观中很普遍，也很流行。喷泉可利用光、声、形、色等产生视觉、听觉、触觉等艺术感受，使生活在城市中的人们感受到大自然的水的气息，如图2-9所示。

图 2-9　夜晚的喷泉

当然，人工的痕迹始终不可避免。如果能将人工与自然巧妙结合，那一定会呈现另一种境界。

波茨坦广场是德国柏林的新中心，集餐饮、购物、娱乐等功能于一身，吸引了来自世界各地的游客。从园林设计的角度看，波茨坦广场的特色在于雨水降落之后能够被就地使用。该广场的水资源常被用于以下几点：一是索尼中心大楼前带有喷泉的水景观，孩子尤其喜欢来这里观看喷泉；二是戴克公司总部大楼前的人工湖，湖内鸳鸯戏水、金鱼游动，路过游人无不流连驻足；三是柏林电影节电影宫前的阶梯状水流，水流上与人工湖、下与水泵相连。这些水资源都是来自雨水。

雨水从建筑屋顶流下，作为冲厕、灌溉和消防用水。过量的雨水则可以流入户外水景的水池和水渠之中，为城市生活增色添彩，如图 2-10 所示。德国是一个水资源充沛，尤其是雨水资源充沛的国家。波茨坦广场的水体景观就是根据德国水资源的实际状况设计的。这样不仅保证了广场的公共性，还维持了良好的水环境，值得学习和借鉴。

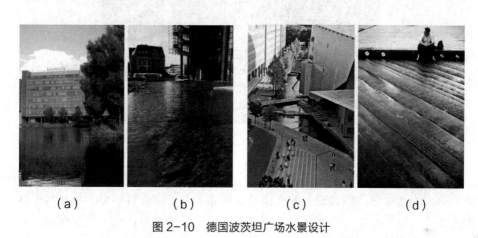

（a）　　　　　　（b）　　　　　　（c）　　　　　　（d）

图 2-10　德国波茨坦广场水景设计

（三）光影在园林景观设计中的地位

光主要分为大自然所赐予的光以及人通过主观能动性制造出的光。大自然赋予的光，如月光、阳光，总能给我们许多灵感，如图 2-11 所示。而人造光总能填补自然光的缺陷，营造不同凡响的艺术效果，如图 2-12 所示。影的魅力也是无穷无尽的，类似于一处宝藏，我们总能在其中发现一丝感动。

图 2-11　自然光影

图 2-12　人工光影

　　现代园林景观设计非常重视给人以立体视觉感受的造型艺术。设计者在园林景观设计的过程中，要营造一种立体的视觉感受，就应该科学地利用光与影这二元现象。可以借助阳光的照射角度来营造这种光影的关系；也可以利用玻璃以及水流等透明、通透的媒介营造一种光影立体的视觉艺术效果。例如，将公园中一座很普通的水塔罩上玻璃盒，再加上具有穿透性灯光的照射，使光与影协调结合，给人带来一种充满震撼的立体视觉感受。

二、硬质要素

（一）园林铺地

园林铺地是用各种材料进行地面的铺砌装饰，形式分为七类：规则式铺地、不规则式铺地、其他形状铺地、嵌草铺地、带图案的铺地、彩砖铺地、砂石铺地。嵌草铺地和砂石铺地分别如图2-13、图2-14所示。

图2-13　嵌草铺地　　　　　　　图2-14　砂石铺地

园林铺地在园林景观中具有以下几点作用：第一，引导作用，地面被铺成带状或某种线型时，就构成园路，能指明方向，组织风景园林序列，起着无声的导游作用；第二，影响游览的速度和节奏；第三，园林铺地是整个园林不可缺少的一部分，是园林景观创造的组成部分。铺地是园林景观设计的一个重点，尤其以广场设计表现突出。

（二）墙体

随着时代的发展，过去的砖墙、石墙，已跟不上现代社会的步伐。现在，不但墙体材料已有很大改观，其种类也变化多端，有用于机场的隔音墙，用于护坡的挡土墙，用于分隔空间的浮雕墙等。另外，现代玻璃墙的出现可谓一大创举，因为玻璃的透明度比较高，对景观的创造可起到很大的促进作用。随着时代的发展，墙体已不单是一种防卫象征，更多的是一种艺术感受。

以赛尔甘斯布花园为例进行说明。赛尔甘斯布花园沿着中轴线布置，连接林荫大道。中央的池塘收集雨水，并通往地下一个巨大的罐子。除此之外还布置了儿童游乐区、阅读室、园丁之家等，如图2-15所示。栅栏似的墙体（图2-16）不仅起到隔断的作用，而且使整个花园的空间显得不那么拥挤。

图 2-15　赛尔甘斯布花园整体布局　　　　图 2-16　赛尔甘斯布花园的墙体设计

（三）小品

建筑小品一般是指体形小、数量多、分布广，功能简单、造型别致，具有较强装饰性，富有情趣的精美设施，如图 2-17 至图 2-19 所示。园林建筑小品是园林景观设计的重要组成部分，起着组织空间、引导游览、点景、赏景、添景的作用，如雕塑、座椅、电话亭、布告栏、导游图等。

图 2-17　国外精选景观小品　　　　　　图 2-18　座椅景观

图 2-19　水体景观

景观小品分为服务小品、装饰小品、展示小品、照明小品。服务小品包括供人休息、遮阳用的廊架、座椅，为人提供便利服务的电话亭、洗手池，为保持环境卫生的废物箱等。装饰小品包括绿地中的雕塑、铺装、景墙、窗等。展示小品包括布告栏、导游图、指路标牌等，起着一定的宣传、指示、教育作用。照明小品包括草坪灯、广场灯、景观灯等灯饰。

第二节　现代园林景观的设计程序

一、前期调查研究工作

同任何设计工作一样，在进行园林景观设计之前，要开展充分的调查研究工作，对规划范围内的地形、水体、建筑物、植物、地上或地下管道等工程设施进行调查，并做出评价。

调查内容主要包括以下几个方面。

（1）建设单位。了解建设单位的性质、具体要求、经济能力和管理能力。

（2）社会环境。了解城市规划中的土地利用、交通、环境质量、当地法律法规等相关内容。

（3）历史人文。了解地区规模、历史文物、当地居民的生活习惯、历史传统等。

（4）用地现状。包括地形、方位、建筑物、可以保留的古树、土壤、地下水位、排水系统等。

（5）自然环境。包括气温、日照天数、结冰期、地貌地形、地质、生物、景观等内容。

（6）规划设计图纸。包括现状测量图、总体规划图纸、技术设计测量图纸、施工所需测量图。

资料的选择、分析判断是规划的基础。把收集到的上述资料做成图表，从而在一定方针指导下进行分析、判断，选择有价值的内容。再随地形、环境的变化，勾画出大体的骨架，进行造型比较，决定大体形势，将其作为规划设计参考。对规划本身来说，不一定把全部调查资料都用上，但要把最突出、著名、效果好的整理出来，以便利用。在分析资料时，要着重考虑采用性质差异大的资料。

二、编写设计大纲工作

设计大纲是园林景观设计的指示性文件，其主要包括以下内容。

（1）明确该项目在该地的地位和作用，明确地段特征、四周环境、面积大小和游客容纳量。

（2）设计功能分区和活动项目。

（3）确定建筑物的项目、容量、面积、高度、建筑结构和材料要求。

（4）明确该项目总体设计的艺术特色和风格要求。

（5）确定近期、远期的投资以及单位面积造价的定额。

（6）制作地形、地貌的图表，确定水系处理的工程。

（7）拟定该园分期建设实施的程序。

三、总体设计方案

在充分熟悉规划地区的资料之后，就进入了总体设计方案的阶段，即对占地条件、占地特殊性和限制条件等进行分析，定出该地区的规模。

如果园林绿地面积较大，地面现状较复杂，可将图号等大的、透明纸的现状地形地貌图、植物分布图、土壤分布图、道路及建筑分布图，层层重叠在一起，以消除相互之间的矛盾，做出详细的总体规划图。

总体设计方案阶段，需做出如下内容。

（一）位置图

要表现该区域在城市中的位置、轮廓、交通和四周街坊环境关系；利用园外借景，处理好障景。

（二）现状分析图

将现状资料分析整理，形成若干空间，对每个空间现状做综合评述。可用圆圈或抽象图形将其概括地表示出来。在现状图上，可分析该区域设计中的有利和不利因素，以便为功能分区提供参考依据，如图 2-20 所示。

图 2-20　海口市万绿园规划设计方案之现状分析图

（三）功能分区图

根据规划设计原则和现状分析图确定该区域分为几个空间，使不同的空间反映不同的功能，既要形成一个统一整体，又能反映各区内部设计因素间的关系，如图 2-21 所示。

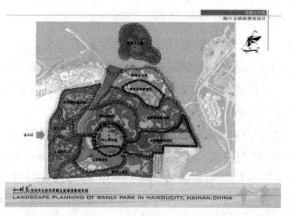

图 2-21　海口市万绿园规划设计方案之功能分区图

（四）总体设计方案平面图

根据总体设计原则、目标，总体设计方案图应包括以下内容：第一，该场地与周围环境的关系，如界线、保护界线、面临街道的名称、宽度，周围主要单位或居民区的名称等，另外与周围园界是围墙还是透空栏杆要明确表示；第二，该场地出入口位置、道路、内外广场、停车场；第三，该场地的地形总体规划、道路系统规划；第四，该场地建筑物、构筑物等布局情况，建筑平面要能反映总体设计意图；第五，该场地的植物分布情况；第六，准确标明指北针、比例尺、图例等内容，如图 2-22 所示。

图 2-22　海口市万绿园规划设计方案之总平面图

（五）竖向规划图 / 地形设计图

地形是全园的骨架，要求能反映出该场地的地形结构。第一，根据规划设计原则以及功能分区图，确定需要分隔遮挡成通透开敞的地方。第二，根据设计内容和景观需要，绘出制高点、山峰、丘陵起伏、缓坡平原、小溪河湖等陆地及水体造型；水体要标明最高水位、常水位、最低水位线。第三，要注明入水口、排水口的位置（总排水方向、水源以及雨水聚散地）等。第四，确定园林主要建筑所在地的地坪标高，桥面标高，各区主要景点、广场的高程以及道路变坡点标高。第五，必须标明该场地周边市政设施、马路、人行道以及邻近单位的地坪标高，以便确定该场地与四周环境之间的排水关系；用不同粗细的等高线控制高度及不同的线条或色彩绘出图面效果。

（六）道路系统规划图

道路系统规划图可协调修改竖向规划的合理性，主要包括以下内容：第一，确定主次出入口、主要道路、广场的位置和消防通道的位置；第二，确定主次干道等的位置、各种路面的宽度、排水坡度（纵坡、横坡）；第三，主要道路的路面材料和铺装形式。

在图纸上用虚线画出等高线，并用不同粗细的线条表示不同级别的道路和广场，标出主要道路的控制标高，如图2-23所示。

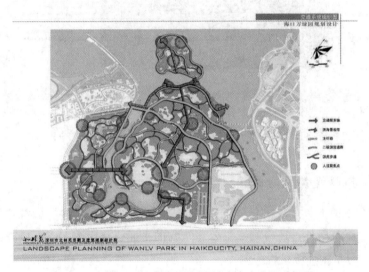

图2-23　海口市万绿园规划设计方案之交通分析图

（七）绿化规划图

根据规划设计原则、总体规划图及苗木来源等情况，确定全园及各区的基调树种，确定不同地点的密林、疏林、林间空地、林缘等种植方式和树林、树丛、树群、孤立树以及花草栽植点等，还要确定最好的景观位置（即透视线的位置），应突出视线集中点上的树群、树丛、孤立树等。图纸上可按绿化设计图例表示，树冠表示不宜太复杂，如图2-24所示。

图2-24　海口市万绿园规划设计方案之种植规划分区图

（八）园林建筑规划图

要求在平面上，反映出总体设计中建筑在全园的布局和各类园林建筑的平面造型。除平面布局外，还应画出主要建筑物的平面、立面图，以便检查建筑风格是否统一，与景区环境是否协调等。

四、局部详细设计阶段

技术设计也称为详细设计，是根据总体规划设计要求，进行各个局部的技术设计，是介于总体规划与施工设计阶段之间的设计。

公园出入口设计（建筑、广场、服务小品、种植、管线、照明、停车场），如图2-25所示；各分区设计：主要道路（宽度、分布走向、材料）；主要广场的形式；建筑及小品（平面大小、位置、标高、结构）、植物的种植，花坛、花台面积大小、种类、标高；水池范围、驳岸形状、水底土质处理、标高、水面标高控制；假山位置面积造型、标高、等高线；地面排水设计；给水、排水、管线、电网尺寸。另外，根据艺术布局的中心和最重要的方向，做出断面图或剖面图。

图 2-25　公园出入口设计

五、施工设计阶段

根据已批准的规划设计文件和技术设计资料及要求进行设计，要求在技术设计中未完成的部分都应在施工设计阶段完成，并做出施工组织计划和施工程序。在施工设计阶段要做出施工总图、竖向设计图、道路广场设计、种植设计图、水系设计图、园林建筑设计图、管线设计图、电气管线设计图、假山设计图、雕塑设计图、栏杆设计图、标牌设计图；做出苗木表、工程量统计表、工程预算表等。

（一）施工总图（放线图）

表明各设计因素的平面关系和它们的准确位置。标出放线的坐标网、基点、基线的位置，其作用一是作为施工的依据，二是作为平面施工图的依据。

图纸包括如下内容：保留现有的建筑物、构筑物、主要现场树木等；设计地形等高线、高程数字、山石和水体；园林建筑和构筑物的位置；道路广场、园灯、园椅、果皮箱等；放线坐标网做出工程序号、透视线等，如图 2-26 所示。

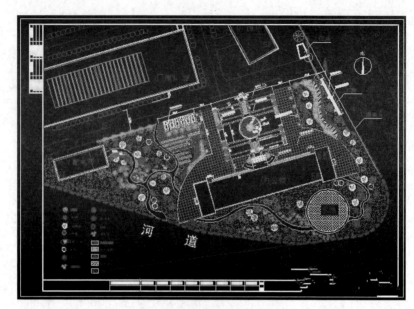

图 2-26　施工总图

（二）竖向设计图（高程图）

用以表明各设计因素的高差关系，如山峰、丘陵、高地、缓坡、平地、溪流、河湖岸边、池底、各景区的排水方向、雨水的汇集点，建筑、广场的具体高程等。一般绿地坡地不得小于 0.5%，缓坡度在 8% ～ 12%，陡坡在 12% 以上。

图纸包括如下内容。

（1）平面图。依竖向规划，在施工总图的基础上表示出现状等高线、坡坎、高程；设计等高线、坎坡、高程；设计溪流河湖岸边、河底线及高程、排水方向；各景区园林建筑、休息广场的位置及高程；挖方填方范围等。

（2）剖面图。主要部位的山形、丘陵坡地的轮廓线、高度及平面距离等。注明剖面的起讫点，编号与平面图配套。

（三）道路广场设计

主要表明园内各种道路、广场的具体位置、宽度、高程、纵横坡度、排水方向；路面做法、结构、路牙的安装与绿地的关系；道路广场的交接、拐弯、交叉路口，不同等级道路的交接、铺装大样、回车道、停车场等，如图 2-27 所示。

图 2-27　湖南郴州广场设计

图纸包括如下内容。

（1）平面图。依照道路系统规划，在施工总图的基础上，用粗细不同线条画出各种道路广场、台阶山路的位置。在主要道路的拐弯处，注明每段的高程，纵横坡度的坡向等。

（2）剖面图。比例一般为 1：20。先画一段平面大样图，表示路面的尺寸和材料铺设方法，然后在其下方作剖面图，表示路面的宽度及具体材料的拼摆结构（面层、垫层、基层等）、厚度、做法。每个剖面都编号，并与平面图配套。

（四）种植设计图（植物配植图）

主要表现树木花草的种植位置、品种、种植方式、种植距离等，具体包括如下内容。

（1）平面图。根据树木规划，在施工总图的基础上，用设计图例画出常绿树、阔叶落叶树、针叶落叶树、常绿灌木、开花灌木、绿篱、灌木篱、花卉、草地等的具体位置以及品种、数量、种植方式、距离等。至于如何搭配，同一幅图中树冠的表示不宜变化太多，花卉绿篱的表示也应统一。针叶树可加重突出，保留的现状树与新栽的树应区别表示。复层绿化时，可用细线画大乔木树冠，但不要冠下的花卉、树丛花台等。树冠尺寸大小以成年树为标准，如大乔木 5 ～ 6 米，孤立树 7 ～ 8 米，小乔木 3 ～ 5 米，花灌木 1 ～ 2 米，绿篱宽 0.5 ～ 1 米。树种名、数量可在树冠上注明，如果图纸比例小，不易注字，可用编号的形式，在图旁要附上编号树种名、数量对照表。成行树要注上每两株树的间距，同种树可用直线相连。

（2）大样图。重点树群、树丛、林缘、绿篱、花坛、花卉及专类园等，可附大样图，比例用1：100。要将组成树群、树丛的各种树木位置画准，注明品种数量，用细线画出坐标网，注明树木间距。在平面图上方做出立面图，以便施工参考。

（五）水系设计图

标明水体的平面位置、水体形状、大小、深浅及工程做法。

（1）平面位置图。依竖向规划，以施工总图为依据，画出泉、小溪、河湖等水体及其附属物的平面位置。用细线画出坐标网，按水体形状画出各种水的驳岸线、水底线和山石、汀步、小桥等的位置，并分段注明岸边及池底的设计高程。最后，用粗线将岸边曲线画成折线，作为湖岸的施工线，用粗线加深山石等。

（2）纵横剖面图。水体平面及高程有变化的地方都要画出剖面图，通过这些图表示出水体的驳岸、池底、山石、汀步及岸边处理的关系。

（3）进水口、溢水口、泄水口大样图，如暗沟、窨井、厕所粪池等，还有池岸、池底工程做法图。

（4）水池循环管道平面图。在水池平面图的基础上，用粗线将循环管道走向、位置画出，标明管径、每段长度、标高以及潜水泵型号，并加以简单说明，确定所选管材及防护措施。

（六）园林建筑设计图

表现各景区园林建筑的位置及建筑本身的组合、尺寸、式样、大小、高矮、颜色及做法等。比如，以施工总图为基础，画出建筑的平面位置、建筑底层平面、建筑各方向的剖面、屋顶平面、必要的大样图、建筑结构图及建筑庭院中的活动设施工程、设备、装修设计。画这些图时，可参考"建筑制图标准"。

（七）管线设计图

在管线规划图的基础上，表现出上水（消防、生活、绿化用水）、下水（雨水、污水）、暖气、煤气等各种管网的位置、规格、埋深等。

（1）平面图。在种植设计图的基础上，表示管线机各种井的具体位置、坐标，并标明每段管的长度、管径、高程以及如何接头等，每个井都要有编号。原有干管用红线或黑的细线表示，新设计的管线机检查井则用不同符号的黑色粗线表示。

（2）剖面图。画出各号检查井，用黑粗线表示井内管线及截门等交接情况。

（八）电气管线设计图

在电气规划图的基础上，将各种电器设备、绿化灯具位置及电缆走向位置标示清楚。

在种植设计图的基础上，用粗黑线表示出各路电缆的走向、位置及各种灯的灯位、编号、电源接口位置等。注明各路用电量、电缆选型敷设、灯具选型及颜色要求等。

（九）假山、雕塑、栏杆、踏步、标牌等小品设计图

做出山石施工模型；参照施工总图及水体设计画出山石平面图、立面图、剖面图，注明高度及要求。

（十）苗木表及工程量统计表

苗木表包括编号、品种、数量、规格、来源、备注等。工程量包括项目、数量、规格、备注等。

（十一）设计工程预算

设计工程预算包括土建部分（按项目估出单价，按市政工程预算定额中的园林附属工程定额计算出造价）和绿化部分（按基本建设材料预算价格制定出苗木单价，按建筑安装工程预算定额的园林绿化工程定额计算出造价）。

例如，五柳风帆景观设计制作过程。

项目名称：济南市小清河综合整治一期园林景观工程五柳岛主题景观设计

工作团队：山东工艺美术学院现代手工艺学院

设计师：王德兴

项目背景：小清河综合整治一期工程西起林家桥，东至济青高速公路。此设计是由上海现代建筑设计有限公司、浙江大学、北京土人景观与建筑规划设计研究院等共同提出的概念性方案，并由济南园林设计院进行了景观深化设计。本次只对小清河南岸及五柳岛进行了深化设计。五柳岛为河心公园，东西长1 000米，占地48 000平方米。南岸景观带全长131 000米，上游宽20米，下游土渠段逐渐变宽至49米，面积为301 000平方米。

设计原理与理念：景观设计本着点线结合的设计原则，运用一条连续蜿蜒的

景观河道走廊串联起了不同空间主体功能区，使河道中水的灵韵与周围的景观相呼应，突出了"绿色清河、运动清河、文化清河"的理念。

整个项目的方案设计程序、安装过程如下所述。

（1）方案设计程序。

①资料收集。了解项目背景，了解济南市小清河综合整治一期园林景观工程的总体规划，熟悉五柳岛周边的文化背景。

②基地调研。走进小清河综合治理现场，通过实地环境与规划方案，加深对小清河综合治理工程的了解，为今后的设计提供直接的场地信息。

③策划。讨论雕塑的尺度、形式、材料及布局等关键属性，对景观所要传达的信息和特征进行总体策划。

④概念。具体思考和设计景观的主体概念，并从宏观和微观的角度思考概念的本源，收集五柳岛的具体资料。

⑤概念深化。从众多方案中选出一种最佳的，并将概念深化。考虑实际的条件和限制因素，从结构、材料、空间形式等方面开展具体设计。综合考虑荷载、抗风、抗震、抗雷等因素，结合新的技术方式，使最终概念详尽，视觉力强。

⑥设计表达。运用图纸、实物模型、视频播入、PPT 等方式向施工人员、技术人员进行设计表达，力求准确传达景观的概念。五柳风帆景观的三维模型如图 2-28 所示。

图 2-28　五柳风帆景观三维模型

⑦设计成果。五柳风帆景观高 23 米，重约 38 吨，建设工期为 5 个月。景观由 3 个立面组成，正立面由 3 片错落的柳叶构成，两个后侧面分别呈现一片柳叶。主体景观十分巧妙而完美地将这五片柳叶变形后融入了现代景观的设计理念，整体造型挺拔、流畅、雅致。

城市景观的造型借鉴了五柳岛自然的地形风貌。五柳岛形似一艘巨大的帆船，而五柳风帆正置于五柳岛的中心处，恰如五柳岛的核心船舱，挺拔而柔美的主体景观既似五片柳叶，又似正在启航的风帆。景观采用不锈钢管网架镂空结构，外观通透，可直接观赏到景观形态的不同方位的效果，使观者产生共鸣。景观的所有骨架连接管均为镂空结构，且暴露在外。不锈钢管架既要充当结构支撑，又要完成景观造型的完整性、艺术性，因此要求所有部位都有良好的外观效果。图2-29为五柳风帆效果图。

图 2-29　五柳风帆效果图

五柳岛中区为党史纪念地，其是 20 世纪 30 年代中共济南市委重建地，设置中共济南市委重建旧址纪念碑。另外，五柳闸遗址处将安装纪念碑，并在旁边设林荫广场，提供休息、健身场地。最西侧还将建设一处纯自然的小岛，岛边遍植垂柳，地面以草皮覆盖。

（2）安装制作过程。

根据五柳风帆景观制作安装的实施情况，制定以下工艺流程。

①工程管理人员逐步到位，具体安排协调安装前的所有准备工作。

②钢架安装人员进入现场，接通电源，工具进场。

③将制作好的风架组件、不锈钢管和不锈钢板装车起运至小清河景观安装现场。

④安装人员开始清理现场，合理选择日常生活和工作用场地。场地清理完毕后，选择在雕塑基础北面空地开始进行竖向主造型钢架的对接组合。按 A0～A4（直径 325×16）、A5（直径 299×14）、B0～B4（直径 325×16）、B5（直径

299×14）、C0～C3（直径325×16）、C4（直径299×14）、D0～D3（直径273×14）、E0～E3（直径273×14）、F0～F1（直径273×14）、G0～G3（直径273×14）、H0～H2（直径273×14）、J0～J4（直径273×14）、K0～K2（直径273×14）的顺序，依次进行每一号段的组合。组合过程中应先用水平仪测出每一段的水平线，定位好，准确无误后再焊接牢固。

⑤每一号段的造型钢架组装完毕后，都必须用临时钢管进行加固，以确保在下一步主钢管进入钢架造型内部时，能有效防止变形。将每一号段造型分割成两半，对号入座到造型内，准确定位，再进行焊接。由探伤单位进行现场探伤并出具探伤报告，报告合格后，把每段分割成两半的造型再重新组合到一起。

⑥每号段造型组合调整完毕后，用吊车将A～K组在地面组装起来。先把B～F组组装在一起，再把A组和B～F组组装在一起，然后再将K和H组、G和J组分别组合到一起。在组装过程中，位置达不到的都要搭设脚手架。每两个号段在组装完结后都要检查一下，确定位置是否准确。以此类推，直至组装完结。全部准确后，再进行下一步直径为159毫米的横管的安装。

⑦将直径为159毫米的横管按照雕塑3面划分，按照横管的弧形尺寸对每面、每一段进行分类并下料。无误后，打坡口，修边，再固定，焊接牢固。用临时钢管加固，并调整为同一水平，确保无误后，用两台吊车（1台50吨、1台25吨）进行下一步的整体吊装。其中，A组和C组之间面上的横管暂不安装，为K和H、G、J两级的空中安装让步。

⑧吊装前联系好吊车，检查吊车停泊位置是否合理、吊装点是否牢固，确定预埋钢板的位置是否准确，初步定出一个水平位置，将准备工作做好后再开始吊装。同时联系脚手架架管、卡子等工具进场，待主管吊装完结后，直接搭设脚手架。

⑨吊装时，用两台吊车同时吊装，50吨的吊车吊顶部，25吨的吊车吊底部，同时水平吊起。当景观整体离开地面后，50吨的吊车继续上吊，而25吨的吊车开始缓慢松钩，形成垂直度，放到预埋钢板的位置。到位后整体调节方向，看准水平位置是否准确。如果不准确，要找出问题并进行调整。准确后，定位进行焊接。焊接牢固后，吊车可以松钩，脚手架工开始搭设脚手架。

⑩搭设脚手架时，架管与景观之间的距离不小于30厘米，同时不大于35厘米。A组和C组之间的面暂不搭设脚手架。待K和H、G、J两组安装完毕后才可搭设脚手架。先吊G组和J组，再吊K组和H组，每组吊装到位后，要精确调整水平、垂直位置，再进行焊接牢固。之后，将A组和C组钢管之间的面上直径为159毫米的横管安装到位，确定水平位置，同时搭设脚手架。

⑪横管全部安装到位后，再对 A～K 组钢架进行 0.3 厘米封板。封板时进行调整、打坡口、修边、焊接、打磨，使景观表面保持光滑、平整，线条流畅，确保观感效果。

⑫安装直径为 114 毫米的竖管时，应先安装 A 组和 B 组之间面上的竖管，再安装 K 和 H、G、J 两组之间的竖管。安装完毕后进行焊接、打磨、抛光。

⑬全部安装完毕后，进行验收。合格后，喷漆工作人员自上而下在景观表面喷上一层保护膜。

⑭进行竣工验收，合格后拆除脚手架，并清理现场。

第三章 现代园林景观设计的布局现状

从现代园林布局方面分析，应遵循"构园有法，法无定式；功能明确，组景有方；因地制宜，景以境出；掇山理水，理及精微；建筑经营，时景为精；道路系统，顺势通畅；植物造景，四时烂漫"的原则，将园林布局成适宜人类生产、生活，符合园林设计原则的现代化园林。

第一节 现代园林景观设计的依据与原则

一、现代园林景观设计的依据

园林设计的目的不仅是使风景如画，还应该尊重人的感受，创造出环境舒适、健康文明的游憩境域。园林景观设计不仅要满足人类精神文明的需要，还要满足人类物质文明的需要。一方面，园林是反映社会艺术形态的空间艺术，要满足人们的精神文明需要；另一方面，园林是社会物质建设的需要，是现实生活的实境，要满足人们娱乐、游憩等物质文明的需要。

园林景观设计只有以此为依据，才能全方位地进行园林艺术创作。

（一）园林景观设计应首要遵循科学依据

在任何园林艺术创作的过程中，都要依据有关工程项目的科学原理和技术要求进行。例如，在园林设计中要结合原地形进行园林的地形和水体规划。设计者必须对该地的水文、地质、地貌、地下水位、土壤状况等资料进行详细了解。如果没有翔实资料，务必补充勘察后的有关资料。

可靠的科学依据，为地形改造、水体设计等提供了物质基础，为避免产生塌方、漏水等事故提供了可靠的前提条件。

此外，种植花草、树木等也要依据植物的生长要求，根据不同植物的喜阳、耐阴、耐旱、怕涝等不同的生态习性进行配置。一旦违反植物生长的科学规律，必将导致种植设计的失败。

植物是园林要素的重要组成部分，其作为唯一具有生命力特征的园林要素，能使园林空间体现生命的活力，顺应四时的变化。植物景观设计是 20 世纪 70 年代后期有关专家和决策部门针对当时城市园林建设中建筑物、假山、喷泉等非生态体类的硬质景观较多的现象再次提出的生态园林建设方向，即要以植物材料为主体进行园林景观建设，运用乔木、灌木、藤本植物以及草本等素材，通过艺术手法，结合考虑各种生态因子的作用，充分发挥植物本身的形体、线条、色彩等自然美，创造出与周围环境相适宜、相协调，并表达一定意境或具有一定功能的艺术空间，供人们观赏。

园林建筑、园林工程设施，也需要遵循科学的规范要求。园林设计关系到科学技术方面的很多问题，有水利、土方工程技术方面的，有建筑科学技术方面的，有园林植物甚至还有动物方面的生物科学问题。因此，园林设计的首要原则是要有科学依据。

遂宁河东新区滨江景观带规划是中国最优秀的滨水专业设计工作室所做，该工作室从科学的角度，对滨水地区的特殊地形进行实地考察和评估，做出了一系列符合滨水地区的景观设计方案。因遂宁有观音文化之乡的美誉，所以规划通过融合商业、传承文化、回归生态的方式，以及创造体验空间与旅游度假的多功能复合型城市模式，在景观带中设置了运动休闲区、生态体验区、时尚商业区、绿色主题区等，打造了一条文化体验之路、人与自然和谐相处的旅游长廊和一个区域经济新兴产业带，如图 3-1 和图 3-2 所示。滨江景观带由科学的方法入手，对特殊地貌地形进行了科学的评估，后由设计方案开始，对景观带进行规划，设计出了符合旅游度假和环境保护要求的区域经济新兴产业带。

图 3-1　遂宁河东新区滨江景观带规划效果图　　图 3-2　遂宁河东新区滨江景观带

（二）园林景观设计要依据社会需要

园林属于上层建筑范畴，它要反映社会的意识形态，满足广大群众的精神与物质层面的双向需要。

现代园林是改善城市4项基本职能中游憩职能的基地。因此，现代园林景观设计者要体察广大人民群众的心态，了解他们对公园开展活动的要求，创造出能满足不同年龄、不同兴趣爱好、不同文化层次游人需要的现代园林景观。

Joyce Ahlgren Hannaford 住在波士顿的马萨诸塞州。在那里，她一直从事她的花园工作，并坚持了11年。她的花园在房子附近，占地面积是房子的1/4。房子被花园簇拥着，成年绿树花红，是一个引人注目的社区地标，如图3-3和图3-4所示。通过整理花园，花园中的花不仅满足了个人的精神需要，美丽的花簇、红墙白瓦的组合还引来了该地区居民的驻足，满足了观赏者的精神需求。

图 3-3　私人花园植物景观　　　　　图 3-4　私人花园喷泉水景景观

图3-5是位于美国加州莫罗湾Paso Robles山脉的建筑，它既是一个酒庄建筑，又用于居住住宅。在其庭院里可以看到很多巨大的岩石藏匿于葡萄园的植被、四周围墙以及池塘小道之下，是一个极具震撼的景观设置。庭院内还种植了很多的地中海植被以及本土灌木，春季可谓是花的海洋，秋季还可以看到一片片金黄色的鹿草、芦苇在风中摇曳。与私人花园不同，酒店花园更加强调环境的纯净、视野的开阔及设备的先进。由此可见，不同的花园有着不同的功能，其设计依据也有所不同。该酒店花园面向的即是具有高品位的人群，十分符合他们的欣赏水平和兴趣爱好。

图 3-5　美国莫罗湾的一处酒店花园

（三）园林景观设计要依据功能要求

园林景观设计者要根据广大群众的审美要求、活动规律、功能要求等方面的内容，创造出景色优美、环境卫生、情趣健康、舒适方便的园林空间，满足人们精神方面的需求和游览、休息、开展健身娱乐活动的功能要求。

园林空间应当具有诗情画意的境界，处处茂林修竹、绿草如茵、山清水秀，令人流连忘返。

不同的功能分区，要选用不同的设计手法。比如，儿童活动区就要求交通便捷，靠近出入口，并结合儿童的心理特点设计出颜色鲜艳、空间开阔、充满活力的景观。

（四）经济条件是园林景观设计的要点

经济条件是园林设计的重要依据。同样一处园林绿地，甚至同样一个设计方案，由于采用不同的建筑材料、不同的施工标准，将会有不同的艺术效果。当然，设计者应当在有效的投资条件下，发挥最佳设计技能，节省开支，创造出最理想的作品。优秀的园林作品必须做到科学性、艺术性和经济条件、社会需要紧密结合，相互协调，全面运筹，争取达到最佳的社会效益、环境效益和经济效益。

Santodomingo 图书馆及其宽敞的公共空间为波哥大 Usaquen 北部地区及苏巴地区的人们提供了极大的便利。与其说它是一座图书馆，不如说它是一处文化中心，为不同的教育活动以及跨学科活动提供了更多的可能性。文化中心坐落在一座面积为 55 000 平方米的公园绿地内，处处体现着知识的导向性作用。图书馆和文化中心的访客可以在公园内休息或散步，也可以从建筑内部眺望自然风景，获得灵感的激发。这种联系使外部流动的风景可以通过建筑物的开放空间进入建筑内部，如图 3-6 所示。

图 3-6　哥伦比亚 Santodomingo 图书馆公园景观设计

二、现代园林景观设计的原则

园林景观设计对城市及人居生态环境的改善有着举足轻重的作用，但目前还存在很多弊端。突出表现在，多数研究者和设计者都只局限于对其科学性和艺术性等方面进行研究和设计，忽视了更正确、更全面的思想行为准则。因此，在进行园林景观设计的过程中，有必要寻求一个正确、全面的思想准则，以便掌控好园林景观设计的尺度。

（一）遵循科学性与艺术性原则

明代造园家认为中国园林的境界和评价标准是"虽由人作，宛自天开"。美学家李泽厚认为，中国园林是"人的自然化和自然的人化"。这都与"天人合一"的综合性宇宙观一脉相承。其中，"人"和"人的自然化"反映科学性，属于物质文明建设，而"天开"和"自然的人化"反映艺术性，主属精神文明建设。

中国人对景观的欣赏不单纯从视觉方面考虑，也要求"赏心悦目""意味深长"。由此可见，无论城市环境还是园林景观都要强调科学与艺术结合的综合性功能。

沈园位于鲁迅中路，至今已有 800 多年的历史，是绍兴古城著名的古典园林。沈园除了建筑古朴、赏心悦目之外，还有一段悲惋的爱情故事隐于其中。这段爱情故事就是陆游与爱妻唐婉的故事。南宋时期，陆游与唐婉在被迫分离 7 年之后在此重逢，如图 3-7 所示。沈园的建造充分体现了精神与物质相结合的思想，如今，人们在游览沈园时，除了欣赏古典园林之外，更多的是感受人世间的爱情。

图 3-7　绍兴沈园

（二）遵循以人为本原则

现代园林景观设计应遵循以人为本的原则。人类对美好生活环境的追求，是园林景观设计专业存在的唯一理由。

社会的发展历程中非常重视对人的尊重。鉴于此园林设计者提出了"以人为本"的设计原则。园林景观的营造是基于人的行为与心理需要，引入遵从自然的生态设计理念，创造出的一个良好的人居环境。

湛江市渔港公园位于湛江市霞山观海长廊北端，西临海滨宾馆，东濒湛江港，南靠海洋路，为简易绿化滨海滩地，如图 3-8 和图 3-9 所示。设计主题为渔人、渔港、渔船、渔家，突出展现了区域性、生态性和人文性等特色。

图 3-8　湛江渔港公园路边景观

图 3-9　湛江渔港公园植物景观

现代园林景观已经不只是公共场所，而是涉及人类生活的方方面面，虽然园林景观的设计目的不同，但都是为方便人类的使用而创造的室外场所。所以，为人提供实用、舒适、精良的设计一直是景观设计师追求的境界。

位于 Porto de Galinhas 的 Nannai 海滩度假村以其独特的临海优势以及舒适的服务、浪漫的氛围而闻名，同时是不可多得的蜜月旅行之地。在这个度假村有一个面积达 6 000 平方米的巨大泳池，该泳池在不同的休闲区域功能各异。整个度假村有 42 个公寓住宅和 49 个别墅住宅设计，同时配备了极具巴西风情的餐厅、酒吧、沙滩酒吧等，为游客带来了极大的便利，如图 3-10 所示。巴西 nannai 海滩度假村是现代园林景观设计中造园与人类生活完美结合的典范，其中绿树成荫，海边风情浓郁，无论在景观布置还是植物搭上都充分体现了人性化的特征，十分符合人们度假休闲的心境。

（a）

（b）

（c）

图 3-10　巴西 nannai 海滩度假村

（三）遵循生态原则

园林景观设计应遵循生态原则。随着人们的环境保护意识的加强，其对园林景观的要求开始逐步向生态方向发展。

因此，那些片面追求传统的视觉效果或对资源进行掠夺式开发的情况，显然不符合如今对园林景观设计生态原则的要求。追求资源的循环利用，推行生态设计，达到人与自然的和谐共生，才是如今实现生态环境与人类社会互利共生的必由之路。

Arkadien Winnenden 原本是德国斯图加特郊区的一个厂区，现在被改造成风景优美的生态住宅村。项目于 2012 年春季完工，主要包含公园、花园和雨水回收的水景以及具有可持续性的廉价住宅，如图 3-11 所示。项目场地原来是工厂厂区，为了创造宜居的健康场地，项目对土地、土壤都进行了大量改造处理工作。生态村有效地控制车辆进入，规定车辆必须停放在划定的停车点或地下停车库，从而腾出更多用于花园、街道和人行道的空间，此举同时鼓励了人们步行或骑车出行，并提升了儿童玩耍的安全性。项目所有住宅都达到了节能环保的目的，采用具有生态友好型无毒材料，并要求建造方尽量使用当地材料。针对区域丰沛的雨量，项目设计的防洪手段可在暴雨来临时对住宅起到保护作用。

（a）　　　　　　　　　　　　　　（b）

图 3-11　德国 Arkadien Winnenden 生态村

（四）遵循经济原则

园林景观设计应遵循经济原则。建设集约型社会的重点就在于如何在投资少的情况下做更多的事情，这就是我们常说的"事半功倍"，也是园林景观设计需要遵循的经济原则。

经济原则的实施可以从园林布局、材料的使用、园林景观的管理三方面着手。从园林布局上看，应充分利用地形，有效划分和组织园林景观的区域，因地制宜，减少经费，使景观设计具有美感。例如，澳大利亚珀斯克莱蒙特镇沿河道路重建项目，就按照原有的布局及设备进行合理的改造和修整，既实现了一定的设计感，又达到了项目的经济合理性。从材料的使用方面看，节省材料，多种植物是遵循经济原则的主要办法。从另一个角度看，造园材料的优良并不取决于材料的名贵，而取决于材料是否适合于整个造园活动，是否能够恰当地体现园林的优美与富有情趣。只要设计恰当，使用物美价廉的材料反而更能体现园林景观的美。当然，在此过程中不能盲目追求价格低廉，材料的质量仍是需要考虑的首要问题。

葡萄牙 Pedras Salgadas 小镇的某度假村中有两座蛇形树屋。架高的房子被固定在细长弯曲的坡道上，在大树之间穿梭，经过长长的无障碍的木栈道，连接到地面。这些独立的木质小屋使整个园林更加迷人，如图 3-12 所示。这两座蛇形树屋不仅与周围环境相协调，还考虑到可持续发展，最小化地影响周围的生态系统。木质的材料加娇小的屋形结构充分考虑了经济元素，且充满设计美感的小屋也让度假村的魅力大大提升。天然材料和大量的日光能够帮助游客更好地沉浸在森林之中。每一个树屋内都有一间卧室、浴室、书桌和厨房。

（a）   （b）

图 3-12　葡萄牙某度假村里的蛇形树屋

（五）遵循美观原则

园林景观设计应遵循美观原则。有学者认为，美学对人类审美发展提出过这样的理论：人类与自然界建立了从功利的关系到审美的关系。功利主要是对广大人群和社会有益的功利，能够引发人们的好感和赞美。

图 3-13 是美国芝加哥北格兰特公园效果图，该项目被称为艺术之田，是一种园林艺术，同时是一种文化象征。玉米地作为芝加哥农业遗产的象征，被该项目纳入了景观基质。在这种场景中，文化艺术、体育活动等项目也被纳入其中，既标志着芝加哥的历史，又代表着芝加哥不断新生的活力。

图 3-13　芝加哥北格兰特公园绿化景观

在洋溢着美的境地中，人们获得了更好的休息娱乐，生活的趣味得以提高，情操得到陶冶。这样看来，美是人们精神生活上不能欠缺的营养。所以，人们不仅需要安全健康方便的环境，还需要美的环境，如图 3-14 所示。

图 3-14　现代园林景观设计

现代化建设表现为文化、科技的大进步，社会成员的智力和精神修养水平普遍提高，尤其是审美能力的提高对美观这一标准有了更高的要求，即规划设计整体的和谐，来自于风格的统一、布局的完整、主题的彰显。

Nelson Byrd Woltz 事务所的 Thomas Woltz 为我们展示了如何利用土生植物和一些大胆的结构造景创造一座与时俱进的 Iron Mountain 住宅，使其看起来就像是与周边山地休戚与共、与生俱来的微小园林，如图 3-15 所示。这一座微小园林满足了将住宅融入当地景观的要求，裸露的花岗岩不仅是自然的一部分，还成了非常抢眼的建筑元素。除此之外，山地、林场、水池以及满山遍野的花卉也与住宅相得益彰，成为大自然也是这一景观设计的一部分。Iron Mountain 住宅景观设计遵循着园林景观设计的美观原则，虽然小，但内容丰富、设计感十足，是一组让人眼前一亮的微小园林景观设计。

（a）　　　　　　　　　　　　　　（b）

（c）

图 3-15　Iron Mountain 住宅景观设计

第二节　现代园林景观布局的形式与原则

一、现代园林景观布局的形式

园林绿地的布局形式，一般可归纳为规则式、自然式和混合式三大类。

（一）规则式园林

规则式园林又称几何式园林，其特点是平面布局、立体造型，园中的各元素，如广场、建筑、水面等严格对称。

18世纪，英国出现的风景式园林以规则式为主。随后，文艺复兴时期的意大利台地园成为规则式园林的代表。规则式园林给人以庄严、雄伟的感觉，追求几何之美，且多以平原或倾斜地组成。在我国，北京的天坛、南京的中山陵都属于规则式园林的范畴，如图 3-16 和图 3-17 所示。

图 3-16　天坛鸟瞰图　　　　图 3-17　中山陵鸟瞰图

整体来看，规则式园林有以下特征。

1. 地形地貌

平原地区的园地多以不同标高的水平面或较缓倾斜的平面组成，而丘陵地区多以阶梯式的水平台地或石阶组成，如图 3-18 所示。

图 3-18　规则式园林的构图格局

2. 水　体

外形轮廓多采用整齐驳岸的几何形。园林水景的类型多以规整的水池、壁泉或喷泉组成，如图 3-19 所示。

图 3-19 喷泉景观

3. 建 筑

无论个体建筑还是大规模的建筑群，园林中的建筑多采用对称的设计，以主要建筑群和次要建筑群形式的主轴和副轴控制全园，如图 3-20 所示。

图 3-20 建筑景观

4. 道路广场

园林中的道路和广场均为几何形。广场大多位于建筑群的前方或将其包围，道路则均以直线或折线组成的方格为主。

5. 植 物

植物布置均以图案式为主题的模纹花坛和花丛花坛为主，树木配置以行列式和对称式为主，并运用大量的绿篱、绿墙以区划和组织空间。树木整理修剪以模拟建筑形体和动物形态为主，如图 3-21 所示。

图 3-21　植物景观

（二）自然式园林

自然式园林又称山水式园林。与规则式园林的对称、规整不同，自然式园林主要以模仿再现自然为主，不追求对称的平面布局，园内的立体造型及园林要素布置均较自然和自由。

具体而言，自然式园林有以下特征。

1. 地形地貌

平原地带，地形自然起伏，多利用自然地貌进行改造，将原有破碎的地形加以人工修整，使其自然，如图 3-22 所示。

图 3-22　自然式园林

2. 水　体

轮廓较为自然，水岸通常为自然的斜坡，园林水景的类型以湖泊、瀑布、河流为主，如图 3-23 所示。

图 3-23　中国古典自然园林中的水体

3. 建　筑

无论是个体建筑还是建筑群，均采用不对称的布局，以主要导游线构成的连续构图控制全园，如图 3-24 所示。

图 3-24　自然式园林中的建筑

4. 道路广场

园林中的空旷地和广场的轮廓被不对称的建筑群、土山、自然式的树丛和林带包围。道路平面和剖面由自然起伏曲折的平面线和竖曲线组成。

5. 植物设计

自然式园林中的植物也多呈自然状态，花卉多为花丛，树木多以孤立树、树丛、树林为主。

（三）混合式园林

混合式园林是指规则式、自然式交错组合，全园既没有对称布局又没有明显的自然山水骨架，形不成自然格局。一般情况下，多结合地形，在原地形平坦处，根据总体规划需要安排规则式的布局。在原地形条件较复杂，具备起伏不平的丘陵、山谷、洼地等处，结合地形规划成自然式。类似上述两种不同形式规划的组合即为混合式园林。

二、现代园林景观布局的原则

园林是将一个个不同的景观元素有机地组合成为一个完美的整体，这个有机统一的过程称为园林布局。

把景观有机地组合起来，成为一个符合人们审美需求的园林，是需要遵循一定的原则的。

（一）注意园林布局的综合性与统一性

只有把园林的环境保护、文化娱乐等功能与园林的经济要求及艺术要求作为一个整体加以解决，才能实现创造者的最终目标。除此之外，园林的构成要素也需要具有同一性。

园林的构成要素包括地形、地貌、水体及动植物景观等，只有将个元素统一起来，才能实现园林景观布局的合理性和功能性。园林景观的构成要素也必须有张有合，富于变化。

图3-25是巴厘岛绿色学校的园林景观设计，其在改善生态环境方面有着重要的参考意义。几块稻田、几座花园、一个鱼塘和堆肥卫生间都成为该园林中的可持续性教室，可见布局的重要性。除此之外，该学校还采用自然采光，大大减少了能源的浪费。这种可持续的观念不仅能够使整个园林景观的设计显得意义非凡，还对在校的学生、来此地游览的游客具有重要的生态环保教育意义。

（a）　　　　　　　　　　（b）

图3-25　巴厘岛绿色学校景观

（二）应注意因地制宜，巧于因借

园林布局除了从内容出发外，还要结合当地的自然条件。我国明代著名的造园家计成在《园冶》中提出"园林巧于因借"的观点，认为"因者虽其基势高下，体形之端正"。其中，"因"就是因势，这种观点实际就是充分利用当地自然条件，因地制宜。

（三）应注意主题鲜明，主景突出

任何园林都有固定的主题，且主题多是通过内容表现的。在整个园林布局中要做到主景突出，其他景观（配景）必须服从主景的安排，同时对主景起到"烘云托月"的作用。配景的存在能够"相得而益彰"时，才会对构图有积极意义。例如，北京颐和园有许多景区，如佛香阁景区、苏州河景区、龙王庙景区等，但以佛香阁景区为主体，其他景区为次要景区。在佛香阁景区中，以佛香阁建筑为主景，其他建筑为配景。配景对突出主景的作用有两方面：一方面是从对比角度烘托主景，如平静的昆明湖水面以对比的方式烘托丰富的万寿山立面；另一方面是以类似形式陪衬主景，如西山的山形、玉泉山的宝塔等则是以类似的形式来陪衬万寿山的。

第四章 现代园林景观设计生态学发展趋势

园林景观设计是人们世界观、价值观的反映，任何园林景观设计都应是与生态环境相协调的。所谓生态系统就是指地球上的生物物体与生存环境构成的极其复杂的相互作用的动态复合体。人类依赖自然生态系统，并按照自己的需求利用并改造自然界，但在根据自己意愿建造园林景观的过程中，不可能离开区域或全球生态系统而独立生存。因此，了解景观生态学的相关内容及相关原则对园林景观的设计有积极的影响。本章主要研究现代园林景观生态学，并将城市居住园林景观设计、现代园林景观设计、园林城市等与景观生态学相结合，全面地阐述景观生态学与园林景观设计的内在的必然联系。

第一节 景观生态学概述

景观生态学是生态学的一门新学科，从 19 世纪末开始，景观设计开始对自然系统的生态结构进行重新的认识和定义，并对传统生态学进行了融合和渗透。景观作为一种在自然等级系统中较为高级的一层，随着人类改造自然的步伐的加快，开始强调生态系统相互作用、生物种群的保护与管理以及环境的管理等理念，并逐渐成为人类在进行园林景观设计过程中较为重视的法则。

一、什么是景观生态学

景观是由若干相互作用的生态系统镶嵌组成的异质性区域。狭义的景观是由不同空间单元镶嵌组成的具有明显视觉特性的地理实体。广义的景观是由地貌、植被、土地和人类居住地等组成的地域综合体。景观是人类生活环境中视觉所触及的地域空间。景观可以是自然景观，包括高地、荒漠、草原等；也可以是经营景观，如果园、林地、是牧场等；还可以是人工景观，主要体现经济、文化及视觉特性的价值，如本书重点研究的园林景观及城市景观等。

生态学思想的引入，使园林景观设计的思想和方法发生了重大转变，也大大影响甚至改变了园林景观的形象。园林景观设计不再停留在花园设计的狭小天地，它开始介入更为广泛的环境设计领域，体现了浓厚的生态理念。

景观生态学的研究开始于 20 世纪 60 年代的欧洲。早期欧洲传统的景观生态学主要是区域地理学和植物科学的综合，直到 20 世纪 80 年代，景观生态学开始迅速发展，并逐渐发展成为一门前沿学科。

景观生态学是研究景观结构、功能和动态以及管理的科学，以整个景观为研究对象，强调空间异质性的维持和发展、生态系统之间的相互作用、大区域生物种群的保护与管理、环境资源的经营管理以及人类对景观及其组成的影响。

在现代地理学和生态学结合下产生的景观生态学，以生态学的理论框架为依托，吸收现代地理学和系统科学之所长，研究由不同系统组成的景观结构、功能和演化及其与人类社会的相互作用，探讨景观优化用于管理保护的原理和途径。其研究核心是空间格局、生态学过程与尺度之间的相互作用。景观生态学强调应用性，并已在景观规划、土地利用、自然资源的经营管理、物种保护等方面显示出了较强的生命力。其中，在景观生态评价方面的发展尤为迅速。

斑块、廊道和基质是景观生态学用来解释景观结构的基本模式，普遍适用于各类景观。斑块是指在地貌上与周围环境明显不同的块状地域单元，如园林景观、城市公园、小游园、广场等。廊道是指在地貌上与两侧环境明显不同的线性地域单元，如防护林带、铁路、河流等。基质是指景观中面积最大、连通性最好的均质背景地域，如围绕村庄的农田、广阔的草原等。景观中任意一点或是落在某一斑块内，或是落在廊道内，或是落在作为背景的基质内。

因为景观生态学的研究对象为大尺度区域内各种生态系统之间的相互关系，包括景观的组成、结构、功能、动态、规划、管理等。其原理方法对促进景观的优化和可持续发展有着直接的指导作用，因而在园林景观设计领域，景观生态学是非常有力的研究工具。

如图 4-1 所示，法国波尔多植物园全园分为水花园、生态走廊、耕作田、植物林荫道等几个部分，以此表现生物多样性、自然资源循环利用以及景观活力和变化。新的波尔多植物园绵延狭长，东面与圣玛丽教堂毗邻，西面与加龙河岸相接。它开辟了多米尼克贝洛设计的巴斯泰德区与环加龙河老城中心之间的城市连接。波尔多植物园位于加龙河最后一道河湾的凹处，河的左岸端就是梅花广场。这种布局使水体两侧交相呼应，在一定程度上代表了该地区的历史、艺术和地理遗产。与此同时，波尔多植物园结合现代元素，将植物学理念融入其中，无论形态上还是内容上，都毫无疑问地成为围绕加龙河重新构筑的城市中心的焦点。

（a）　　　　　　　　　　（b）

（c）

图4-1　法国波尔多植物园景观

二、景观生态学的任务

景观生态学要求包括园林景观在内的景观规划应遵循系统整体优化、循环再生和区域分异的原则，为合理开发利用自然资源、不断提高生产力水平、保护与建设生态环境提供理论依据，为解决发展与保护、经济与生态之间的矛盾提供途径和措施。

景观生态学的基本任务包括以下几个方面。

第一，景观生态系统结构和功能的研究，包括自然景观和人工景观的生态系统研究。通过研究景观生态系统探讨生态系统的结构、功能、稳定性等，研究景观生态系统的动态变化，建立各类景观生态系统的优化结构模式。

第二，景观生态系统监测与预警研究。这方面的研究主要针对人工景观，如园林景观，或者人类活动影响下的自然环境。通过研究对景观生态系统结构和功能的可能变化和环境变化进行预报。景观生态监测工作则是在具有代表性的景观中对该景观的生态数据进行监测，以便为决策部门制定合理利用自然资源与保护生态环境的政策措施提供科学依据。

第三，景观生态设计与规划研究。景观生态规划是通过分析景观特性，对其进行综合评判与解析，从而提出最合理的规划措施，从环保、经济的角度开发利用自然资源，并提出生态系统管理途径与措施。

第四，景观生态保护与管理。利用生态学原理和方法，探讨合理利用、保护和管理景观生态系统的途径。通过相关理论知识研究景观生态系统的最佳组合、技术管理措施和约束条件，采用多级利用生态工程等有效途径，提高光合作用的强度，提高生态环保及经济效益。保护生态系统，保护遗传基因的多样性，保护现有生物物种，保护文化景观，使之为人类永续利用，不断加强生态系统的功能。

美国唐纳德溪水公园重新塑造了一个崭新的城市公园，从环保的角度保护了这片湿地，从经济的角度使用旧材料搭建了公园中的"艺术墙"，对全新的园林景观设计有了新的生态定义，成为一种最合理的规划措施。从公园街区收集的雨水汇入由喷泉和自然净化系统组成的天然水景。从铁路轨道回收的旧材料被重新利用并建造公园中的"艺术墙"，唤起人们对于铁路历史的记忆，而波浪形的外观设计则能够给人以强烈的冲击感。在这个繁华的市中心地带，生态系统得到了恢复，人们居然可以看到鱼鹰潜入水中捕鱼。艺术家在甲板舞台上可以举行各种文艺活动，孩子们来到这里玩耍，探索自然奥秘，而另外一些人则可以在这片优美的自然环境中一边充分享受大自然的芬芳，一边进行无限的冥想，如图4-2所示。

（a）　　　　　　　　　　　　　　（b）

（c）　　　　　　　　　　　　　　　（d）

图 4-2　美国唐纳德溪水公园生态景观

三、景观生态规划的原则

保护生物多样性、维护良好的生态环境是人类生存和发展的基础，但如今，环境恶化的结果导致了生态功能的失调，而设计合理的景观结构对保护生物多样性和生态环境具有重要作用。景观生态规划是建立合理的景观结构的基础，它在园林景观设计、自然保护区、土地可持续利用以及改善生态环境等方面有着重要意义。景观生态规划的原则如下。

（一）自然优先原则

保护自然资源，如森林、湖泊、自然保留地等，维持自然景观的功能，是保护生物多样性及合理开发利用资源的前提，是景观资源可持续利用的基础。

（二）持续性原则

景观生态规划以可持续发展为基础，致力于景观资源的可持续利用和生态环境的改善，保证社会经济的可持续发展。因为景观是由多个生态系统组成的具有一定结构和功能的整体，是自然与文化的复合载体，这就要求景观生态规划必须从整体出发，对整个景观进行综合分析，使区域景观结构、格局和比例与区域自然特征和经济发展相适应，谋求生态、社会、经济三大效益的协调统一，以达到景观的整体优化和可持续利用。

（三）针对性原则

景观生态规划针对某一地区特定的农业、旅游、文化、城市或自然景观，不同地区的景观有不同的构造、不同的功能及不同的生态过程，因此，规划的目的也不尽相同。

（四）综合性原则

景观生态规划是一项综合性研究工作。景观生态规划需要结合很多学科，景观的设计也不是某一个人的独立工作，而是需要一个团队的合作。除此之外，园林景观的设计也是基于结构、过程、人类价值观的考虑，这就要求在全面和综合分析景观自然条件的基础上，同时考虑社会经济条件、经济发展战略和人口问题，还要进行规划方案实施后的环境影响评价，只有这样，才能增强规划成果的科学性和应用性。

如图 4-3 所示为现代别墅庭院景观设计，私密性较强，并且相对开阔，在一个独立的空间中将植物、小品、铺地砖、水体等元素结合起来，综合了生态学、植物学、人体工程学等多方面因素，使该组案例不仅符合居住者的使用习惯，而且自然优雅，颇具现代感。

（a）

（b）

（c）

（d）

图 4-3　别墅庭院景观设计

第二节 景观生态学在园林景观设计中的应用

城市作为人居环境的典型，离不开生态系统的质量，离不开空气、阳光和水。但是，随着工业化的发展，现代城市人居环境越来越向自然环境的异化方向发展，人类的居室、办公室受到人工控制的程度越来越大，城市的空间逐渐被人造物所充塞。但是，在这种情况下，人们越来越依赖局部大气、温度、生态系统等，能满足人类依赖需要的只有城市中的园林景观生态系统。

一、景观生态学与城市居住区园林景观设计

随着时代的发展和人们生活质量的提高，人们对居住小区的要求在不断提高，而作为小区内部的园林景观，则成为人们日常生活的组成部分，在人们的生活中扮演着越来越重要的角色。因此，了解城市居住区园林景观的生态设计也是了解园林景观设计的重要组成部分，而景观生态学与城市居住区园林景观设计的关系也成为园林景观设计师需要了解的工作。

居住区的建设不仅影响着城市的整体风貌，反映城市的发展过程，居住区的景观也是城市景观的主要组成部分。城市居住区景观具有生态功能、空间功能、美学功能和服务功能，其形态构成要素包括建筑、地面、植物、水体、小品等，景观生态建设强调结构对功能的影响，重视景观的生态整体性和空间异质性，因此，要充分发挥景观的各项功能，各构成要素必须和谐统一。

从城市居住区园林景观的功能看，其生态功能包括改善小气候、保护土壤、阻隔降低噪声、生物栖息等；其美学功能包括空间构成美（园林中的建筑、植物、水体等）、形态构成美（植物、铺地、小品等）；其服务功能包括亲近自然以得到心理的满足、休闲功能等。

北京北纬40°住宅小区位于北京朝阳区，项目的名称来自其位置与纬度线。HASSELL受托为此13.8公顷地块以及一旁的11.8公顷公共绿化公园进行景观设计，如图4-4所示。住宅小区景观主轴由5个主题住宅花园构成。从园林布局的角度看，北京北纬40°住宅小区采用串联景观艺术元素的方式将这些花园连接起来，使该小区中的每一个元素都为整个小区的设计服务，具有整体的意识。由于项目的所在地是北京，当地对用水量有所限制，因此项目的另一特点就是水源的高效使用。从长远来看，该小区独特的节水设计不仅环保，还为住户节约了水费。

图 4-4　北京北纬 40°住宅小区景观设计

二、景观生态学与现代景观设计

景观生态学为现代景观设计提供了理论依据，从理论角度可以分为以下几点。

第一，景观生态学要求现代景观设计体现景观的整体性和景观各要素的异质性。景观是由组成景观整体的各要素形成的复杂系统，具有独立的功能特性和明显的视觉特征。一个完善、健康的景观系统具有功能上的整体性和连续性，只有从整体出发的研究才具有科学的意义。景观系统具有自组织性、自相似性、随机性和有序性等特征。异质性是系统或系统属性的变异程度。在景观尺度上，空间异质性包括空间组成、空间构型、空间相关等内容。

第二，景观生态学要求现代景观设计具有尺度性。尺度标志着对所研究对象细节了解的水平。在景观学的概念中，空间尺度是指所研究景观单位的面积大小或最小单元的空间分辨率。时间尺度是动态变化的时间间隔。因此，景观生态学的研究基本是从几平方公里到几百平方公里、从几年到几百年。

尺度性与持续性有着重要联系，细尺度生态过程可能会导致个别生态系统出现激烈波动，而粗尺度的自然调节过程可提供较大的稳定性。大尺度空间过程包括土地利用和土地覆盖变化、生境破碎化、引入种的散布、区域性气候波动和流域水文变化等。在更大尺度的区域中，景观是互不重复、对比性强、粗粒格局的基本结构单元。

景观和区域都在人类可辨识的尺度上分析景观结构，把生态功能置于人类可感受的范围内进行表述，这尤其有利于了解景观建设和管理对生态过程的影响。

第三，景观生态学提出，景观的演化具有不可逆性与人类主导性。由于人类活动的普遍性和深刻性，人类活动对于景观演化起着主导作用，通过对变化方向和速率的调控可实现景观的定向演变和可持续发展。景观系统的演化方式受人类活动的影响，如从自然景观向人工景观转化，该模式成为景观系统的正反馈。因此，在景观的演化过程中，人们应该在创造平衡的同时实现景观的有序化。

除了以上三点之外，景观生态学还认为，景观具有价值的多重性，这既符合景观的价值，又符合园林景观的价值。园林景观具有明显的视觉特征，兼具经济、生态和美学价值。随着时代的发展，人们的审美观也在变化，人工景观的创造是工业社会强大生产力的体现，城市化与工业化相伴而生；然而，久居高楼如林、车声嘈杂、空气污染的城市之后，人们又企盼着亲近自然和返回自然，返璞归真成为时尚。如图4-5所示是智利利比亚里卡国家森林公园温泉景区的人行散步道，人们行经自然温泉，感觉舒适无比。因此，实现园林景观的价值优化是管理和发展的基础，进而要以创建宜人的园林景观为中心。适于人类生存、体现生态文明的人居环境，包括景观通达性、建筑经济性、生态稳定性、环境清洁度、空间拥挤度、景观优美度等内容，当前许多地方对于居民小区绿、静、美、安的要求即是这方面的通俗表达。

（a）

（b）

图4-5　智利利比亚里卡国家森林公园温泉景区人行散步道设计

美国加州麦康奈尔公园所在区域原本生态环境退化严重，PWP事务所对其进行了修复。他们移除了表层土，种植了当地花草；重建了河岸区域；公园靠外的边缘重新种植了橡树和松树。公园原先有四个池塘，设计师通过设计将其中的三个联系在一起。重建的大坝作为线性通道；入口处的通道与现有平面相吻合，绕开了橡树和柿子树林。入口广场上也种植了橡树，还有石砌码头、迷雾喷泉、带有黑色大理石喷泉的小岛等充满美感的景观，如图4-6所示。经过整修的公园景色更加美观，里面的植被发展前景也更好，能更好地为人类服务。美国加州麦康奈尔公园的特点不仅在于对原本的生态环境进行修复和重建，关键在于将不同的景观进行了解构和重构，使该景观成为一个完整的具有自组织性、自相似性和有序性的生态系统。

（a） （b）

图4-6 美国加州麦康奈尔公园

三、景观生态学与园林城市

生态规划设计作为城市景观设计的核心内容，是一种与自然相作用和相协调的方式。与生态过程相协调，意味着规划设计尊重物种多样性，减少对资源的剥夺，保持水循环，维持植物生长和动物栖息地的质量，以有助于改善人居环境及生态系统的健康。生态规划设计为我们提供了一个统一的框架，帮助我们重新审视城市景观、建筑的设计以及人们的日常生活方式和行为。

城市景观与生态规划设计应达到相互融合的境地。城市景观与生态规划设计反映了人类的一个新的梦想，它伴随着工业化的进程和后工业时代的到来而日益清晰。这个梦想就是自然与文化、设计的环境与生命的环境、美的形式与生态功能的真正全面的融合。它要让公园不再是城市中的特定用地，而是让其消融，进入千家万户；它要让自然参与设计，让自然过程伴随每个人的日常生活；它要让人们重新感知、体验和关怀自然过程和自然的设计。

　　黑龙江省佳木斯市是城市规划与生态规划相融合的典范。经过国家住房和城乡建设部的综合评审，佳木斯市在组织领导、管理制度、景观保护、绿化建设、园林建设、生态环境、市政设施等方面均已达到国家园林城市的标准要求，成功晋升为国家级园林城市。近年来，佳木斯市委、市政府始终把创建国家园林城市工作摆在重要位置，以保护植物多样性、推进城乡园林绿化一体化、实现人与自然和谐发展、建设生态文明城市为宗旨，以创建国家园林城市、构建东部绿色滨水城市为载体，统筹规划、依法治绿、依规兴绿、科技建绿，致力于把佳木斯建成园林绿化总量适宜、分布合理、植物多样、景观优美的绿色之城，如图4-7所示。在城市规划的过程中，佳木斯市将绿化建设、园林建设、生态环境、市政设施等方面作为建设园林城市的重点统筹规划，可见其对景观生态建设的重视。

（a）

（b）

图4-7　园林城市佳木斯

　　城市园林景观生态建设要把生态绿化提升到环境效益高度。城市园林作为一个自然空间，对城市生态的调节与改善起着关键作用。园林绿地中的植物作为城市生态系统中的主要生产者，通过其生理活动的物质循环和能量流动，如利用光合作用释放氧气，吸收二氧化碳；利用蒸腾作用降温；利用根系矿化作用净化地下水等，对城市生态系统进行改善与提高，是系统中的其他因子无法替代的。现在需要特别重视的是，在生态理念下采取有效措施优化城市绿化的环境效益。

　　结构优化、布局合理的城市绿化系统可以提高绿地的空间利用率，增加城市的绿化量，使有限的城市绿地发挥最大的生态效益和景观效益。

　　国家级园林城市西宁气压低、日照长、雨水少、蒸发量大、太阳辐射强，昼夜温差大，无霜期短，冰冻期长，冬无严寒，夏无酷暑，是天然的避暑胜地，有"夏都"之称。随着经济的全面发展和国家支持力度的不断加大，西宁市以城市道路、广场、街头绿化带为骨架，以市区各单位、住宅小区为内环，开始实施"双环"战略。西宁通过自身的规划和改造成为园林城市的标志和榜样，通过"双环"战略、整体规划、建景增绿等有效途径，改造了城市小环境，从而优化了城市绿化系统，这些城市规划改造活动为城市的生态效益和景观效益做出了贡献，如图4-8所示。

图4-8　园林城市西宁

第五章 地域性城市景观设计的发展趋势

大自然赋予人类一个多姿多彩的生活环境。不同的经纬线区域，地域景观都各具特色，从而使得每个国家因其地理位置的不同而产生独特的地域景观特色，同一个国家的不同地区也因其地域的自然地理位置差异而形成丰富多彩的景观特征。本章通过对地域性特征、景观设计以及城市景观设计内涵的深入分析与探讨，从地域性特征中自然与人文两个层面入手，详细分析与研究这两个层面中的各个因素，并讨论它们在景观设计中可行的应用手段与方法。在分析各个因素的基础之上，通过把握城市景观设计的分类与特征，解读城市景观设计中需要遵循的原则，进一步研究地域性城市景观设计的表达手法以及在地域性城市景观设计中需要应用到的技术与材料。

第一节 城市景观设计概述

一、城市景观设计的概念

（一）地域景观

地域是一个学术概念，是通过选择与某一特定问题相关的诸特征并排除不相关的特征而划定的。费尔南·布罗代尔认为，地域是个变量，测量距离的真正单位是人迁移的速度。

地域通常是指一定的地域空间，是自然要素与人文要素作用形成的综合体。一般有区域性、人文性和系统性三个特征。不同的地域会形成不同的镜子，反射出不同的地域文化，形成别具一格的地域景观。这里所说的一定的地域空间，也叫区域。其内涵包括：①地域具有一定的界限；②地域内部表现出明显的相似性和连续性，地域之间则具有明显的差异性；③地域具有一定的优势、特色和功能；

④地域之间是相互联系的，一个地域的变化会影响到周边地区。因而，地域主要是一个地区富有地方特色的自然环境、文化传统、社会经济等要素的总称。一个"地域"是一个具有具体位置的地区，在某种方式上与其他地区有差别，并限于这一差别所延伸的范围之内。

鉴于景观概念的宽泛性和景观类型的区域性特点，针对景观的研究必须限定于特定的方面和区域才有实际意义。地域景观是指一定地域范围内的景观类型和景观特征，它是与地域的自然环境和人文环境相融合，从而带有地域特征的一种独特的景观。

法国设计师 Mathieu Lehanneur 完成了首个城市数码港开发项目 "Escale Numérique"，如图 5-1 所示。这个小亭子的屋顶上覆盖了一层植物，让人联想到公园里大树的树冠。屋顶下方设计了几个座椅，座椅就像大树下冒出的几棵蘑菇。这些用混凝土制作的公共座椅上还配备了迷你桌板以及为笔记本电脑提供的电源插座。同时，在中心位置还有一块触摸屏，上面将实时更新各种城市服务信息，如指南、新闻及为参观者和旅游者提供的互动标识等。这个设计从顶部观看将获得更好的效果，它也将成为一种全新的城市建筑语言。这款城市小型的"绿岛"数码港将安置在城市各个角落，成为一道城市建筑的新鲜元素，也成为景观艺术的创新设计。

图 5-1　城市公共景观设施

（二）城市景观设计

城市景观是指具有一定人口规模的聚落的自然景观要素与人文景观要素的总和。它是由城市范围内的自然生态系统与人工的建筑物、道路及其构成的空间景象，是物质空间与社会文化以及多种复杂因素互动所显现出的表象。它具有丰富的内涵。

现代的城市景观设计主要包括以下几个部分。

（1）城市中心设计。现代城市中心一般都与商业中心以及重要建筑群紧密相连，所以城市中心的景观设计尤其重要，甚至可以说是衡量一个城市发展水平的重要指标。这些区域一般面积都不大，但是要设计出好的作品并非易事。

（2）街道设计。街道是贯穿整个城市的生命线，具有一种整体的脉络特征。街道的景观设计也对整个城市的景观设计风格产生一定的影响。

（3）城市开放空间设计。这里的城市开放空间主要是指城市中相对而言比较大型的开放空间，如广场、城市公园等。

（4）社区公共空间的景观设计。如今社区之间的公共空地，是人们活动最为频繁的区域，国外早就对社区公共空间的景观设计进行了极为密切的关注。

北京王府井大街上的雕塑，以各种人物造型和带有文化特点的雕塑形象丰富了王府井大街的文化氛围，同时也增加了王府井大街商业环境的艺术空间。

如图5-2所示，北京王府井大街上的景观雕塑艺术品凭借独特的艺术特色，成为北京商业繁华地带的标志。北京作为明清王朝的都城，是文化、艺术中心，现代雕塑艺术家将这些时期的代表雕塑出来，既宣扬了中华民族悠久的历史文化，也展示出不同时期的各地人物装束造型。雕塑与现代艺术结合在一起，展现出北京新旧时期艺术风貌的变化。

（a）

（b）

图5-2　北京王府井大街雕塑

二、城市景观设计的分类及特征

（一）城市景观设计的分类

从不同的角度以及自然景观特征和人文景观特征两个不同的层面考虑，城市景观设计可以有多种不同的分类方法。以下分别从历史、地理位置、民族等角度来详细阐述。

1. 历史角度

每一个城市的成长都伴随着人类历史而发展，因而它的结构、形式和城市内容都会与历史产生关联，并能深刻地反映出不同历史时期的城市特性，从而呈现出不同历史时代背景下的各种城市景观。这一体现历史性特征的城市景观因为历史时间的不同具有明显的时代差异，这些差异是显而易见的。

人们可以从不同的历史时代背景及历史发展的角度，对城市景观进行分类，分为古代城市景观、近代城市景观、现代城市景观及当代城市景观。

如图5-3所示的沈阳"九·一八"历史博物馆就是以翻开的台历的形式，构建了一个巨型景观雕塑，纪念碑上面刻着1931年9月18日，雕塑内部则是一个三层的展览室，陈列着有关"九·一八"事变的资料，作品把纪念碑和展览馆的双重功能进行巧妙结合，使建筑与雕塑合二为一，既有功能又不缺乏精神内涵与纪念意义。

图5-3　沈阳"九·一八"历史博物馆景观

如图 5-4 所示的青岛五月风景观，该景观以青岛作为五四运动的导火索为主题充分展示了岛城的历史足迹。景观雕塑取材于钢板，并辅以火红色的外层喷涂，其造型采用螺旋向上的钢板结构组合，以洗练的手法、简洁的线条和厚重的质感，表现出腾空而起的"劲风"形象，给人以"力"的震撼。景观整体与浩瀚的大海和典雅的园林融为一体，成为五四广场的灵魂，高耸在广场之上。景观本身与城市环境融合在一起，它的公共性得到体现，欣赏性、形式美逐一得到表现。

图 5-4　青岛五月风景观

2. 地理位置角度

从地理位置角度进行划分的依据就是一个城市所在的自然地理位置。每一个城市所处的自然地理位置都不一样，因而其自然条件，如气候特点、地形地貌等，也不尽相同，从而对城市大环境景观产生不同的影响，导致城市景观之间产生地域性的差异。所以，从地理位置的角度进行划分，可以分为平原城市景观、山地城市景观、滨水城市景观、草原城市景观等。

由设计师 Rok Grdisa 设计的位于斯洛文尼亚卢布尔雅那的城市景观雕塑，如图 5-5 所示，占地面积 25 平方米。此城市景观雕塑是 Tivoli 公园新的信息亭，通过景观的放置，重新激活了 Tivoli 公园这片草地，建立了一个新的公园入口，由此明确了切洛夫斯卡街、Tivoli 运动场和活动大厅与 Tivoli 公园之间的联系。卢布尔雅那的这一城市雕塑用于告知游客将在公园里举行的不同的艺术展示和博物馆展览。通过运用明亮的对比色，雕塑形成了一个开放、清晰和动态的结构形式，探讨了环境运动的可能性，而这种运动本身就如同一个自然环境过程。这个雕塑框架代表了花开的五个不同的阶段。基于这种形式，这个动态雕塑能引起行人的兴趣并召唤他们从这里通过。

图 5-5　斯洛文尼亚卢布尔雅那 Tivoli 公园雕塑

美国芝加哥的广场景观雕塑云门，如图 5-6 所示，位于芝加哥千禧公园，芝加哥人称之为"豆子"（The Bean），它是由英国设计师安易斯（Anish）设计，整个景观雕塑是用高度抛光不锈钢打造，表面采用镜面处理，使得整个景观雕塑又像一面球形的镜子，在映照出芝加哥摩天大楼和天空中朵朵白云的同时，也如一个巨大的哈哈镜。当人们站在它面前时，自己也和四周的建筑融合在一起，吸引游人驻足欣赏雕塑映出的别样的自己。

图 5-6　芝加哥千禧公园云门景观

3. 民族角度

我国是个多民族国家，不同的城市中居民的民族成分和宗教信仰也不尽相同，而这些民族和宗教的内容会体现在城市的某些景观中，尤其是在一些少数民族聚居的地区以及宗教活动集中的地点，这些带有民族和宗教特征的城市景观更加突出，甚至成为一种独特的城市风貌。

就民族而言，由于每一个民族历史发展的过程不一样，生活习俗、民居样式、民俗风情以及节日活动的形式也呈多样化，在人文景观层面表现出纷繁复杂、丰富多彩的景观面貌，使得整个城市呈现出特有的民族特色城市景观，如我国的一些民族自治地方的城市景观，就带有很强的民族特色。

（二）城市景观设计的特征

城市景观受到其构成要素及各要素之间复杂关系的影响，使得城市景观具有以下几方面的特征。

1. 人工性与复合性

城市景观区别于自然景观的最大特征就是人工建造，城市的建筑物和街道等景观均是人工建造的产物，甚至城市中的公园、山体、河流也无不存在人造的痕迹。

城市的存在离不开一定的自然条件。因此，城市景观实际上是自然要素和人文要素复合的产物，它是表现多种复杂的要素交织作用的载体。

如图 5-7 所示为青海湖自行车赛景观，第八届环青海湖国际公路自行车赛于2009 年 7 月 17 日至 26 日在青海举行，来自五大洲的 21 支车队齐聚高原展开角逐。设计师为比赛设计了一系列的主题性雕塑，以运动、团结、友好的理念欢迎各方人士参赛。

图 5-7　青海湖自行车赛景观

2. 地域性与文化性

任何城市都有其特定的自然地理环境和历史文化背景。地域性包括城市景观个体之间彼此的不同以及地域族群之间的个性两个方面。两者反映在景观上，表现为城市的景观元素及其结构的差异，进而反映城市与城市之间的整体景观特征的差异。

文化性指的是城市景观具有某种独特的文化特征。由于民族风俗与地域环境等因素的综合作用，各地在长期的建设实践中形成了特有的建筑形式与风格，加上人们对空间景观的认识存在很大差异，就形成了每个城市各自特有的景观特征。正是城市景观的地域与文化特性，造就了千姿百态的城市景观。

在欧美许多城市，城市景观既是国家文化的标志和象征，又是民族文化积累的产物。城市景观雕塑凝聚着民族发展的历史和时代面貌，反映了人们在不同历史阶段的信仰与追求，标志着民族价值观念及相应审美趣味的变化。中国的秦始皇兵马俑、汉代霍去病墓石雕、唐代乾陵石雕，法国凯旋门上的浮雕《马赛曲》，意大利佛罗伦萨的大卫像等，都代表了当时历史阶段的审美趣味和文化艺术的最高成就。

美人鱼雕塑因《安徒生童话》而成为哥本哈根的标志，如图5-8所示；表现英勇不屈的华沙美人鱼因深入人心的民间传说而成为华沙市的代表，如图5-9所示；歌颂战后恢复重建的千里马成为平壤市的象征，如图5-10所示；描写城市起源的五羊石像则成为广州的标志。

图5-8 哥本哈根美人鱼景观

图5-9 华沙美人鱼景观

图5-10 平壤千里马景观

3. 功能性与结构性

城市景观的功能性是城市景观的具体外在表现。城市景观不仅是为"观"，根本的还在于反映城市的功能。1933年，国际现代建筑协会在拟定的《雅典宪章》中提出了城市的居住、工作、游憩和交通四大功能。围绕这四大功能产生了丰富的城市景观，如居住有各种住宅建筑景观，工作有商业、工业和农业景观等，游憩有园林和广场景观等，交通有街道和车辆景观等。城市景观的结构性在于城市具有一定的结构，如城市道路网结构、城市肌理等，都反映了城市的景观结构。如图5-11所示的蘑菇亭子景观，坐落于公园等公共场所，既为人们提供休息乘凉的地方，又美化城市环境。

图 5-11　蘑菇亭子景观

4. 秩序性与层次性

秩序性是感知城市景观有序性效果的特性之一。第一，自然景观是有秩序的客观存在，反映了自然界的规律；第二，任何城市都有其自身的发展过程，它经历了一代又一代人的建设与改造。不同时代有不同时代的城市风貌，城市景观随着城市的发展而渐变，但不同时期的建设多少会留下痕迹，即城市的历史发展沉淀，它反映出城市有秩序的发展轨迹；第三，在城市建设中，人们总是想要体现某种思想、意识形态，根据一定的法则建造城市，如体现王权、封建分封制或自由民主等思想，都会呈现出相应的秩序性，使得城市景观也具有一定的秩序性。

城市景观的层次性是指各景观具有不同的等级。最普遍的是，城市景观被划分为宏观（重要景观）、中观（次要景观）和微观（一般景观）三个层次。例如，就城市中的建筑景观而言，在宏观上表现为建筑的布局形式，在中观上表现为建筑的外形，而在微观上表现为建筑细部构件的式样等；就城市而言，作为城市标志的地标是城市重要景观，一般都位于城市的核心区域，它是公众共同瞻仰的视觉形象，同时由于其精神内涵而成为公众心目中共有的特定形象，它的影响范围辐射整个城市乃至更大的区域；城市中的次要景观的影响范围在城市中的某一个区域或次分区域内；而城市中的一般景观的影响范围只限于某一个小区或更小的地带。

如图 5-12 所示的城市景观，是想告诉人们不要随意乱丢垃圾，要爱护环境，在城市小区中放置这样一个雕塑，起到了宣传教育的作用。整个雕塑造型自然，线条流畅，形象地表现了从桶中倒出来的垃圾流到地上，具有美感。

图 5-12　倒垃圾景观

5. 复杂性与密集性

城市的形成和发展总是基于一定的自然基础的，城市景观也具有一定的自然特征。但是，城市作为人类改造自然最集中的地方，城市景观更多的是人工景观。人工景观包括人类生活、生产的各种物质和非物质要素的各个方面，极其丰富多彩。同时，城市景观所处的环境由于人们的活动而变得复杂。城市中不仅存在着自然光、自然声，还存在着种类繁多的人工光、人工声等环境要素。景观环境的复杂性一方面强化了景观本身的复杂性，另一方面也影响了人们感知城市景观的复杂性。

城市景观的密集性主要表现在景观要素的密集性上。由于城市的人口数量多，建筑密度大，尤其在城市的中心商务区，高楼林立，道路成网，各种景观要素相互交叉，相互影响，形成景观密集的现象。

在形体、色彩、质感、韵律、节奏、光影诸方面，城市景观可以丰富环境，使环境活跃起来，充满生气。耗资 25 万美元建于芝加哥联邦政府中央广场的火烈鸟景观，如图 5-13 所示，以高达 15 米的红色钢板形状使灰暗呆板的建筑环境顿时生机勃勃。落成当日，芝加哥数十万人兴奋地举行庆祝活动，显示了城市景观改造环境的巨大力量。

图 5-13　火烈鸟景观

6. 可识别性与识别方式的多样性

　　城市景观的可识别性指的是人对城市景观的感知特性。城市中存在着大量的观景人，每个人都有不同的文化和社会背景，具有不同的审美观、价值观，对景观的识别是具有选择性的。每一个景观客体要素不一定对每个人都是有意义的。

　　城市中的人们对景观的识别方式也不尽相同。由于采用了不同的识别方式，人们对景观的感知也会有所差异。例如，步行观景与乘车观景对景观的感知是不一样的，在高楼上鸟瞰城市与在地平面上观察城市的感受也是不一样的。

　　近代工业发展带来的技术革命，给制作巨型纪念性雕塑创造了条件。在这方面较突出的代表作品是美国的自由女神景观，如图 5-14 所示。自由女神景观是法国赠给美国独立 100 周年的礼物，位于美国纽约市哈德逊河口，是雕像所在的自由岛的重要观光景点。法国著名雕塑家巴托尔迪历时 10 年完成了雕像的雕塑工作，女神的外貌设计来源于巴托尔迪的母亲，而女神高举火炬的右手则是以巴托尔迪妻子的手臂为蓝本。自由女神穿着古希腊风格的服装，头戴光芒四射的冠冕。女神右手高举象征自由的长达 12 米的火炬，左手捧着刻有 1776 年 7 月 4 日《独立宣言》的铭牌，脚下是打碎的手铐、脚镣和锁链。她象征着自由、挣脱暴政的约束。花岗岩构筑的神像基座上，镌刻着美国女诗人埃玛·娜莎罗其的一首脍炙人口的诗。景观雕像锻铁的内部结构是由巴黎埃菲尔铁塔的设计师古斯塔夫·埃菲尔设计的，它在 1886 年 10 月 28 日落成并揭幕。自由女神像高 46 米，加基底为 93 米，重 200 吨，由铜板锻造，置于一座混凝土制的台基上。自由女神的底座是著名的约瑟夫·普利策筹集 10 万美元建成的，现在的底座是一个美国移民史博物馆。自由女神景观集建筑、科技、艺术于一身，完美地体现了时代的精神。

图 5-14　自由女神景观

三、城市景观设计遵循的原则

城市园林景观设计主要以园林艺术的原理为基础，与城市景观及周围环境、城市规划、园林植物、园林工程、测量等有着直接的联系，也必然和艺术、历史、文学有着密切的联系。

城市园林景观设计的任务就是运用当地城市地貌、植物、建筑等相关物质要素条件，以一定的经济、自然、工程技术和艺术规律为基础，充分发挥园林景观的优势，因地制宜地规划和设计城市园林景观，合理科学地营造人类宜居的城市空间，以利于城市未来发展。

（一）城市园林景观设计原则

城市园林景观设计的根本目的就是创造和谐的人居环境。一方面，城市园林景观是反映城市社会意识形态的空间艺术形式，它可以满足这个城市人们居住的精神需求；另一方面，城市园林景观也是社会的物质表现，是现实存在的社会公共实物，也是现代城市物质生活和精神生活需要的反映。

1. 科学依据

任何一个城市的园林营造必须依据工程项目的科学性原则和技术要求才能实现。在当今社会发展迅速的城市中，在周围环境的存在下，没有合理地安排和规划景观环境，必然会影响到城市的发展，引起城市居住群体的排斥。所以必须结合当地城市的具体情况，对其园林景观的地形和水体进行规划。在此前提下对城市发展时期的水文、地质、地下水位都要做详细的记录和研究分析。可靠的科学数据统计和收集对城市特有地形改造提供了坚实的理论基础，这些都是工程建设稳定有序开展的保障。

同样，对于植物的种植和管理以及分配也要按照植物的属性具体安排，必须尊重植物的生物学特性，根据植物对光照的耐受程度、耐寒、耐旱、怕涝等不同的生长习性做科学的布置。除此之外，城市园林景观设计要应用很多科学技术，如水利、土木工程、建筑学、园林植物学等。所以，城市园林景观设计在城市发展的同时，要把科学的理论依据作为首要条件。

2. 社会需要

园林景观是属于社会发展的上层建筑领域，它在反映一个城市的社会需求和意识形态上，为一个城市的发展起到推动作用，在物质文明建设和精神文明建设两个层面提供帮助。所以，为促进城市社会全面发展，必须全面地了解社会需求和城市特性。

3. 经济需要

经济条件是城市园林景观的重要构成要素。同样的城市景观空间可以应用不同的规划和设计方案，采用不同的建筑材料，种植不同的植物，利用不同的植物外部造型改善空间的造型效果。在城市景观空间把植物做点状造型的分布，从而进一步发挥点、线、面的构成原理，最终完成一个与城市景观和周围环境相和谐的布局和安排，可以减少经济开支和成本，达到提升城市景观环境的最终目的，实现城市景观空间的稳步发展。

4. 生态原则

在城市建设的过程中，人类的各种行为时刻影响着自然生态环境，现代社会生态要素成为各界人士积极关注的热点。因而，在进行城市景观设计时，设计者必须充分考虑地域生态结构，注意生态化的设计原则。

在设计的过程中，首先要利用设计地域独具特征的要素，尽量保持原有的地形地貌特征；其次要注意维护当地的生态平衡，保证景观生态链的协调有序；最后还要注意生态系统的承载能力，要处理好自然景观与人工景观之间的关系。

5. 系统原则

城市景观是一个由城市景观要素有机联系组成的复杂的、开放的及动态的系统，一个健康的城市景观系统应该具有功能上的整体性和连续性。城市景观的演变反映人类历史的进程，这要求城市景观建设要突出重点，把握景观的主要结构，协调好景观系统中各子系统之间的关系，以强化城市景观的整体效果，突出城市景观的特色。

6. 地域原则

在我们进行城市景观设计的时候，应该充分考虑当地的自然和人文景观特征，在不破坏其自然地理条件和社会文化背景的情况下，利用地域的自然地理特征、地域文化以及地方民风民俗，强化当地的地域特征。

7. 时代原则

在社会及科学技术发展的不同时期，人们的生活方式和价值取向存在差异。因此，在城市景观建设中，我们应尊重城市的历史，不能人为地割裂城市历史与景观建设之间的关系，并且要体现出时代精神。在城市景观的建设过程中要保持时代的特征，体现出不同时期发展脉络特征，以满足人们在城市这座历史博物馆中舒适生活和工作的需求。

8. 视域原则

良好的城市景观要能给观景人以适当的观赏空间，即视域。尤其是那些反映城市特色的标志性景观，应具有良好的视域环境，能够展示标志景观的全貌。在城市的重要景观节点之间以及城市地标与人流集散地之间建立观景廊道，提高城市地标的辨识度。

9. 艺术和功能要求

当今城市的发展和对美的审视密切联系在一起，每个城市都有自己特有的标志和属性，在不同的地域下，城市文化历史背景的差异展现出多样的城市特征。同时，园林景观在城市中的功能要求也得到进一步提升，创造出景色优美、环境优雅、适宜人居的园林空间。城市园林空间的功能和审美也在互相影响，利用人工手法改造实地的原貌特征，达到城市景观空间的合理和科学化，给居住在城市中的人们提供便利，达到城市园林景观空间的艺术和功能要求。

（二）城市园林景观规划设计原则

美观、适用、经济是城市园林景观设计的最基本原则。城市园林景观设计是综合性很强的学科，所以要求在美观、适用、经济之间寻找平衡，它们三者之间有着互相制约和可协调的关系。但是，在不同的条件和环境的影响下，它们之间的制约关系也会发生变化，重点一方也会有所变动和调整。

随着现代城市飞速的发展，人们对生活环境的适用性要求越来越高。城市园林景观的适用性，第一是要符合因地制宜的科学性；第二是理解对象群的需求并服务于对象群。

西安大雁塔广场就是以西安这座古都历史人文为依托，通过对地形的整理和雁塔区的整体规划，根据古都城墙和皇城的布局结构，建成了以大雁塔为中心的方形放射状规划发展的布局形态，城市的园林景观规划设计在城市整体风貌中也得到充分发挥和因地制宜地利用。

所以在城市园林景观发展的同时，适用性是非常重要的环节，之后才会考虑经济问题。其实，正确的选址和在一定的区域内发展和规划设计，就需要不少投资成本，因为最为合理的环境规划和改造本身就需要很大的改动和保护，但是这些投资和输出都是必需的建设成本，因为城市园林景观本身就是一种艺术载体，它需要合适的对象作为依托和承载。但是在适用和经济两者同时满足的条件下，就要以艺术的角度考量满足人们生活质量的精神需求，这就需要达到园林布局、景观、造景的艺术要求。其实园林景观设计最终的目的是满足人的一种精神享受，一种从物质到精神的回归，这也就是以另外一种特殊的方式反映和回馈它们的价值。

城市园林景观设计过程中，美观、适用、经济三者都不是独立存在的，三者之间存在相互牵制和制约的作用。如果只是一味地追求美观，不考虑城市发展和规划的成本，也不可能实现目标；同样如果只追求适用性，不考虑园林景观的美感，那也不会得到人们认可的城市规划，所以必须在满足了这三者的条件下才可以共同发挥各自的优势，互相协调、统一结合，才能充分发挥园林景观设计在城市发展和规划中的重要作用。

迪士尼音乐厅由普利兹克建筑奖得主法兰克·盖里设计，建筑造型独特，具有解构主义建筑的重要特征。法兰克·盖里以设计具有奇特不规则曲线造型和雕塑般外观的建筑而著称，并使用断裂的几何图形探索一种不明确的社会秩序，因此其作品呈现独特、高贵和神秘的气息。

迪士尼音乐厅位于霍尔大道，宽阔的马路对行人来说缺乏亲切感。奇异扭曲的屋面给人留下深刻印象，大胆的想象和巧妙的空间布局也让人叹为观止，独特的建筑是音乐厅的标志，建筑周围开放空间的设计，增加了建筑和街道的亲切感，如图 5-15 所示。音乐厅的外部覆盖着用意大利石灰石及不锈钢做成花瓣状的外表，视觉很舒适，如图 5-16 所示。

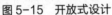

图 5-15　开放式设计　　　　　　　　　图 5-16　不锈钢墙面

音乐厅的室内舞台背后设计了一个 12 米高的巨型落地窗供自然采光，白天的音乐会则如同在露天举行，室内室外融为一体。屋顶花园是迪士尼音乐厅的一个特色设计。位于车库上方的屋顶花园（约 15 米），实际上是一个围绕在音乐厅主体建筑周围的大平台。这座花园是由景观设计师梅林达·泰勒设计，它向公众开放，可以从格兰特大道通过台阶直接到达花园（图 5-17），这个屋顶花园最大的特点就是可以从位于建筑物底座的车库四角的任何一个入口进入。

音乐厅给人一种庞大、精致、高雅的感觉。因此，建造一个更加人性化的花园能贴近整个建筑物的气势。设计师希望花园能够为人们带来更多欢乐，成为每一个人享受自然的乐土，而不是只供给那些参加音乐会的观众进行休息。逐级登上长长的台阶，花园带给人的第一印象便是参差起伏的植物柔化了高调张扬的建筑形式。

图 5-17　台阶

由于空间狭小，花园的布局很简单。蜿蜒的园路由种植区限定而成，引导着游览线路，如图5-18和图5-19所示。

图5-18　花园道路1

图5-19　花园道路2

莉莲迪士尼纪念水景不再有植物遮挡，留出了足够的视线范围，照射在不锈钢外墙上的阳光直接反射在水景上，使瓷贴水景更加光彩夺目。从造型上看，水景是一朵由陶瓷贴成的玫瑰。上百件皇家代尔夫特陶瓷的花瓶与瓦片被现场打碎成8 000多块碎片，由8位陶瓷艺术家用高超的技术拼贴完成，形成了漂亮的景观艺术品，成为公园里的一大特色，如图5-20所示。

图5-20　莉莲迪士尼纪念水景

纪念水景广场往东，是掩映在浓荫下的儿童剧场。这是一个由混凝土搭建的圆形剧场，供小型的演唱会和其他公共活动使用，座凳的大小符合儿童的使用比例，如图5-21所示。

除了这两处较大的人流集中地，便是零星分散的休憩小天地。这些小天地被安排在花园的边缘，既营造了私密惬意的小空间，又提供了向外远眺的观景点，如图5-22所示。

图 5-21　儿童剧场　　　　　　　　　图 5-22　远眺观景

选用植物色彩鲜艳，植株规格较小并有篷形树冠，更好地装饰了园内的景观。绿色树冠能与建筑物坚硬的外表形成对比，在一定程度上减弱了金属外壳的冰冷感。植物品种简单，观赏效果随季节变化，能让人有回到自家庭园的感觉，如图5-23所示。

如图5-24所示，音乐厅东北面的洛杉矶音乐中心和平广场有一个巨大的火炬造型的雕塑，也是该区域的重要标志，象征着音乐厅如同火焰一样，绚烂夺目、生生不息。

图 5-23　植物装饰　　　　　　　　　图 5-24　和平广场火炬造型景观

四、城市园林景观设计的发展前景

中国造园水平令世界啧啧称奇。中国园林发展史更多地表达了当时人们对美好生活的无限向往，在中国几千年的历史发展长河中，中国遍布大江南北的园林景观、园林建筑数不胜数。江南有景色秀丽的苏州园林，是世界文化遗产，但是这些园林受到不同时代的历史变迁以及不同社会背景下不同需要的影响，与此同时有很多皇家园林在同样的历史长河中随着社会需求的变化而变化。

中国城市园林发展至今，经过了一段很漫长、很艰难的道路。在改革发展后期，国家政府非常重视这项民生工程，也把城市园林发展当作一项国家形象发展的首要任务。"第一个五年计划"提出了"普遍绿化，重点美化"的方针，并把方针列入未来城市建设发展的总体规划中。改革开放给城市园林景观规划带来了新的发展动力和机会，1995 年，全国城市平均绿地面积达到了 67.83 公顷，城市绿化覆盖率达到 23.9%，3 619 处城市园林景观公园平均面积 7.26 公顷，人均占有公共绿化面积 5 平方米，改革开放为中国城市园林景观的发展注入了新的动力。现在正是景观园林快速发展的时期，在中国经济体制改革开放的这些年里，社会经济快速、稳定、持续的增长给园林事业奠定了坚实的基础。在近些年里全国城镇人口的比例已经上升，城镇人口迅速增长，2017 年国家有关部门的最新统计报告显示，中国城镇人口和乡村人口持平，按照粗略估计城镇人口的增长势头还将会继续。

若现在按我国城市规划定额指标规定，城市公共绿地人均占有面积 7 平方米，就需要增加公共绿地 15 亿平方米，从这些数据就可以看出城市园林景观的需求量和发展空间是巨大的，这将会刺激城市园林景观的市场发展。改革开放以来，全国住宅面积达到 230 亿平方米，城镇人口的人均住宅面积也不断地增加。20 世纪初期，每年建设住宅的建筑面积都在 6 亿平方米以上，人们对住房环境的要求也在慢慢地从室内转向室外。各地政府和企业也在大力发展城市园林景观工程，并把它当作市场一个新的吸引力。2008 年在北京举办的第 29 届奥运会和 2010 年在上海举办的世界博览会以及 2011 年在西安举办的世界园艺博览会，这些世界瞩目的盛会，展示的都是风景园林建筑大师的杰出代表作。为迎接奥运会，北京市政府提出了"绿色奥运、科技奥运、人文奥运"的理念，把奥运会与北京的城市建设、城市景观规划、环境保护紧密联合在一起。在奥运会举办之前，国家斥巨资推广使用清洁能源，建设园林绿地，和城市景观完美融合，从而提高城市的绿地覆盖面积，完美体现了北京奥运会的理念。绿色奥运的理念体现了城市发展的诸多方面，如环境保护、交通、园林等。同样，2011 年西安世界园艺博览会提出了"天人长安·创意自然——城市与自然和谐共生"的理念，在打造西安本土文化的同时，发挥古都西安的历史人文优势，在此基础上加快西安城市景观和园林绿化的发展步伐，为 2011 西安世界园艺博览会提供一个优美的绿色舞台，同时提升了这个文化大都市的整体风貌和国际形象，如图 5-25 所示。

图 5-25　西安世界园艺博览会鸟瞰图

　　近些年社会不断发展，城市工业的提高以及城市人口迅速增长，导致了城市环境的日益恶化，原有的绿地现在已经承载不了城市发展的压力，这些年不断建设的大型园林起到了积极的作用。但是受传统园林的制约，这些园林建筑并没有在根本上阻止环境的恶化。此外，城市人口的增长对居住空间的需要也同样增加。户外运动场地的增加、土地资源的缺失致使居民的基本生活环境就没有了保证，因此仅靠园林绿化改善环境是无法实现的；财力的限制使城市园林景观和环境整治工程无法推广；自然资源的利用、整体生态的破坏导致生态环境非常脆弱，这些因素使中国城市园林的发展面临前所未有的挑战，但是从好的方面分析这也是中国园林事业一个难得的机遇。

　　现代城市园林景观的建设和发展，是人类社会进步和自然演变过程中出现的一种人和自然相互协调的关系。在当今社会其他领域发展的同时，人们必须认识到城市和谐发展的重要性，如果不能正确地认识社会发展的规律、人类自身的条件以及自然发展的趋势，那么城市园林景观的发展只能停留在装饰这一层面上。

　　纵观近些年世界城市的发展和城市园林景观的进步，我们可以看出，社会经济的不断发展以及人们对环境认识的进一步加深，使城市园林建设有了飞速的进步，主要总结为以下几个方面。

（一）城市园林景观的迅速增长

近些年，国内各城市园林景观建设的数量不断扩张，园林景观不断推陈出新，面积也越来越大。同时在国内举办的各类园林城市、生态城市的创建上，各主办城市也都付出了相应的努力。

（二）发展类型的多样化

随着社会经济的不断提高，城市园林建设从简单的量的改变到质的飞跃，其中的变化是有目共睹的。近几年国内城市除传统意义上的公园、花园以外，各类新颖、富有特色的城市园林景观也不断呈现在人们居住的生活空间周围，表现形式从开始的服务单一到现在受众群体的多元化影响而使功能服务增加，充分体现了园林景观发展类型的多样化。

（三）崇尚自然

现有的城市景观布局利用植物改变造型，以植物造景为主。主题公园和园林的规划方面同样应用植物营造层次丰富的园林空间，降低了对建筑的依赖，园林景观以追求自然、清新为主，最大限度地让人们处于自然的气氛中，给人一种重返大自然的感觉。

（四）科技投入

现代城市园林的管理和运营方式有了很大的变化，特别是在园林绿化管理上应用了先进的技术设备和科学的管理方式。园林绿化的养护操作全部实行机械化，在此基础上的管理和后期的辅助设计管理等广泛采用电脑监控、统计计算。

（五）交流扩展

随着国家之间文化交往越来越频繁，中国园艺技术也在向西方国家借鉴和学习，与此同时，通过各种性质的国际交流活动进行宣传将自己的成果展现给世界。园林、园艺博览会、艺术节等活动极大地促进了城市园林景观事业的发展。

我国在园林艺术上有着深厚历史底蕴，现代中国园林景观设计需要继承中国博大的历史人文精神和优良的传统，通过学习借鉴国外的园林精髓，结合中国古老的园林造园技艺，才能创造出具有中国现代特色的城市园林景观。在今后的城市园林景观发展中要不断地提高园林科研成果，加快城市园林发展的市场化，从而推动我国城市园林景观更快、更好地发展。

如图 5-26 所示的天安门的华表建于明成化元年，迄今已有 500 多年的历史。华表以汉白玉雕刻而成，可分为柱头、柱身和基座三个部分，高为 9.57 米，重 20 多吨。柱身呈八角形，直径 98 厘米，一条四足五爪的巨龙盘旋而上，在祥云的衬托下，巨龙绰约生动，跃然飞舞，似在云天遨游。在雕龙巨柱上端，横叉着朵状白石云板，上面雕满祥云。柱顶端为圆形"承露盘"，据说源于汉武帝时，方士说用铜盘承接甘露，和玉屑服药，可寿八百岁。西汉太初元年（公元前 104 年）在长安城外的建章宫神明台立一铜铸仙人，双手举过头顶，托着一个铜盘，呈接天上的甘露；后来简化为柱顶放置圆盘。承露盘上的蹲兽"犼"，雕刻得栩栩如生。天安门前华表上的这对犼，面向宫外；而在天安门后也有一对规制相同的华表，其上蹲兽犼则面朝宫内。传说犼性好望，犼面向宫内，是希望帝王不要久居深宫，应经常出去体察民间疾苦，所以名字叫"望帝出"；犼面向宫外，是希望皇帝不要迷恋游山玩水，快回到皇宫处理朝政，所以名字叫"望帝归"。可见皇宫的华表不单纯是建筑的装饰品，更具有时刻提醒帝王勤政为民的象征意义。华表基座也呈八角形，借鉴了佛教造像的基座形式，称为须弥座，基座外围以四边形石栏杆，栏杆的四角石柱上各有一只憨态可掬小石狮，头的朝向与承露盘上的石犼相同。为方便队伍游行，1950 年 8 月，华表和石狮向北挪移了 6 米。默默矗立的华表经历了无数风霜雨雪，见证着中华民族的兴衰起落，也见证了中华人民共和国的诞生。华表雕塑雄伟的外形，体现出古代劳动人民的智慧结晶，也反映出人们不畏艰险、克服困难的决心，置身于雕塑所营造的空间，可充分体会到中国人民在战争时期不畏强敌、英勇不屈的英雄气概。华表带给人们的震撼和冲击力，正好与所表达的题材内容、空间环境和思想感情完美结合。

图 5-26　天安门华表雕塑

第二节　城市景观道路与广场绿地设计的发展

现代城市园林景观中有很多种组成要素，有山、水、植物、建筑等。但是这些要素无论怎么组织和结合，都要在一定空间基础之上完成。这些要素组成了整个园林景观形式和性质的先决条件。地形作为景观布局实现的先天客观条件，决定着城市景观的性质和走势，以此为基础的景观道路与广场分布将体现园林设计者的思想。而依托于景观地形走势，贯穿于景观道路、广场分布的中间因素——绿地设计，则成为结合两者的纽带，构成整个城市园林景观体系，在功能上也起到了提升园林景观品质的作用。因此，城市道路与城市广场是整个城市园林景观的重要研究对象，对两者进行研究分析，对提升整个城市景观形象有着巨大价值。

一、城市园林景观中道路与广场的绿地设计

地形在园林景观中是地貌以及地物的统称。通常情况下只要是属于地球表面的立体空间变化都是所谓的地貌，而在地球表面存在的事物就是地物，城市园林景观认为创造出来风景的艺术总结就是所谓的地形。不同环境下的地貌和地物反映出不同的园林景观特征，只有在完整和谐地形的基础之上，才能设计建造出完美的园林景观，因此地形是园林景观设计的基础。

园林景观地形在选择上必须有一定的秩序性和科学性，地形和园林景观之间有着互补的关系。在现在城市发展的同时，地形的完整性不一定会满足园林的存在目的，所以通常情况下会在两者之间寻找一定的联系，进而达到最理想情况下的园林景观造景。

（一）城市园林景观中地形功能与作用分析

1. 园林景观中地形的功能

园林景观中地形可以利用不同的方式创造和限制外部空间。在特定区域内平地是一种对空间平面因素的限制，在视觉上缺乏立体效果。在园林地形中陡坡的较高点会起到限制和封闭空间的效果，而且这种地形越夸张就越有空间感。一般较为平坦的地形会给人平和的感觉，使人感到放松和愉悦，相反，比较夸张的地形空间会给人一种视觉效果上的冲击。

城市景观园林中不乏这两种布局形式，在城市小区的居住空间内一般采用比较平坦的地形，视觉效果会比较通透，也能增加视觉空间带来的满足感，会让现

在拥挤的城市空间得到舒展。但是这种地形要有足够和充分的空间地形作为保障，只有合理利用空间资源才能有效地设计和改造地形条件，以此为城市园林景观提供有力的空间基础。

城市园林景观有多种存在形式，但是它们的一个共同点就是为人类居住空间的美化和协调服务，这是园林景观存在的价值。地形可以改变景观中的视线效果，而且具有一定的导向性，同时影响某一固定点的可视景物和可见程度，以此形成可连续性观赏效果。在城市景观设计中要考虑对某个特别的设计要素进行重点关注，这就可以利用地形控制视线的停留和选择，加上景观两边的地势，封锁了分散的视觉效果，集中了视觉的焦点。园林景观中地形可以在自身的基础上利用要素改善内部道路的布局，这也是外在环境下的影响因素。通过对道路坡度以及宽度的限制，控制空间人流的数量和速度。一般平坦的道路人们的步伐稳健均匀，人流量选择性就会大大提高，但是道路性质的改变，例如坡度的增加和曲线的频繁出现，都会给人的行走带来不便，最终导致人们进行选择性的行走。合理的道路规划和布局就要充分地考虑以上这些功能因素，给人们的外出带来便捷，从而充分发挥园林景观中地形的功能。

2. 园林景观中地形的作用

地形在园林景观中可以影响一部分区域的阳光、温度、湿度和风速等。一般的城市景观也会利用这几点对原有空间存在的不足进行改造。一般城市景观会选择朝南方向的坡地，因为这是一年中光照时间最长的地形，长期保持着较为温暖宜人的状态，改变气候成为地形的特殊作用。地形可以弥补原有景观空间形态上的不足，从风向的角度分析，地形的凸起就可以阻挡刮向某一场所的风。即便不考虑风向，地形也可以当作景观屏障。

同样情况下园林景观地形在艺术形式上也有美学的功能，因为某种特定区域内的地形一旦被占据和利用，就可以当作一种景观要素。通常情况下，作为地形的载体，土壤有很好的塑造性。通过不同的实体和虚体，土壤可以被利用和改造成不同类型的地势，从而具有艺术欣赏价值。地形有很多潜在的艺术视觉性质，同样情况下也可以利用地上的优势和山石结合，这样地形的轮廓就会很明朗，平面的形态结构也会很清晰。所以这些地形在不同的景观环境下都有着各自的作用和存在价值，必须充分考虑和设计分析出科学合理的地形基础，为园林景观的布局做铺垫，这样一个完整的园林景观设计才具有明显视觉效果上的特征。

地形在园林景观中不仅是承载的实体，而且会根据不同的园林形式需要而变化，在特殊自然条件的影响下产生不同的视觉效果，并由此产生层次丰富的光影效果。地形不是单独存在的，因为周围的环境会影响和改造它，地形也会利用园林景观整体的艺术形式和特点进行合理规划，这样才能合理地利用土地资源，地形的优势作用和功能价值才可以得到充分体现。

（二）城市园林景观中地形改造考虑的因素

1. 原始地形的考虑

城市园林景观中自然景观的种类有很多，其中包括山地、丘陵、江河等，所有的园林景观都在利用原有的地形进行改造。这就需要通过特殊的艺术手法进行设计，使一处自然的地形成为整个园林景观的承载体。原有地形的选择显得尤为重要，因为一处好的地形可以提供完美的造园条件，这种条件的存在和选择是必须首先考虑的。良好的自然因素可以为园林景观提供扎实的基础。

2. 功能分区的地形分析

通常在城市园林景观中，因为在特殊条件下园林存在的意义不同，园林景观绿地有很多功能分区，功能分区的不同决定了开展活动的具体内容也不一样。不同活动性质的园林对地形的要求也就有所不同，一般在城市中心和繁华地段的城市园林景观绿地区域人流量比较大，活动空间的容纳程度也就有所提高，这就要求地形条件必须满足空间的要求。同样，随着现代城市生活水平的提高，一般性质的园林景观绿地已经不能满足人们生活的需求，近些年许多城市园林景观绿地中出现了专门为体育活动提供的场所。这些带有活动性质的主题景观绿地也在不断地增加，而且内容形式也有很大的进步。地形对园林景观绿地就有着很严格的要求：首先必须保证地势的平坦开阔；与此同时，需要建立室内空间活动场地；对园林地形进行改造和规划，利用地形的多变性对周围环境质量进行提升。安静休息和游览的绿地空间同样需要借助地形元素，一般会在这种区域设计和规划山林溪流要素，对空间进行分隔和重组，达到空间的独立性和封闭性。

在城市园林景观绿地设计中，需要根据不同功能分区处理地形要素，地形本身的多变性原则也可以使整个园林景观绿地的艺术效果更丰富更灵活，这样园林空间的形式也就有了特殊性和标志性。创造出园林景观绿地的园中园，比起建筑和植物单一的组织，改变园林的艺术效果可以使园林景观更具生气，从直观的视觉效果上也有很强的多元化，让城市园林景观的自然气息更加强烈。

3. 园林景观地形的排水

城市园林景观绿地在一定的气候和环境影响下，需要具备一定的承载力。随着现代城市发展脚步的加快，园林绿地的基础设施建设也要充分地考虑进去。在城市园林景观中每天游人的数量很多，雨季来临，园林绿地的排水系统就面临着考验。如果因为气候因素影响导致积水的增多，使园林景观绿地的积水无法排出，那么就会严重影响园林景观的服务性。

通常在园林景观中利用自然的地形和坡度可以进行积水的引流和排水。所以在最初的规划和设计中要利用好自然起伏的园林地形，合理地安排分水和汇水线，保证在园林景观建设初始就有较好的地形规划条件进行自然排水。在这些基础之上可以保证雨水的收集和再利用，让园林中每一片景观绿地的排水都能够有效地回收利用。这些都可以通过直接水体或者铺装路面引流到水体，总体的排水方向应该有合理的安排布局。地形排水的考虑因素还包括地形的坡度。在园林景观绿地设计时，地形的起伏过大或坡度大纵向长度增加，就会引起地表径流，产生一定面积的滑坡，所以在坡度的设计上要保持坡度适中、坡长合理。

4.地形对植物栽培的影响

城市园林景观植物对地形的要求也一样很严格，在改造和利用园林地形的同时要考虑植物的种植和分配。植物对不同的地形环境也有选择性，但是不同的植物种植会有不一样的园林布局形式和艺术效果，因此就可以改变园林地形为植物的生长发育创造良好的环境条件。一般城市的地形特征比较复杂，地势较低的地方可以通过种植乔灌木改善地形环境。也可以利用地形的坡度，创造一个小环境，种植喜温类植物。但在设计有坡度的地形时，设计者应注意植物的选择，因为此类地形，水的流失比较严重，所以应多选择一些耐旱性植物，避免植物死亡影响景观效果。

城市园林景观的营造必须合理把握地形和植物之间的规律。一般来说，依据因地制宜的原则，选择合适的植物种类，从而使树木的生态习性与园林栽植地生长环境条件相适应，让植物与地形完美地统一起来，促使植物茁壮生长，从而充分发挥园林景观艺术功能。因此，适地适树是园林植物配置设计的基本原则。近些年来城市的园林景观建设工程中，在进行植物的选择时，选用的植物种类基本上是乡土树种，这就体现了适地适树原则下进行的植物配置。

二、城市道路绿地设计基础

城市道路是一个城市的框架基础，城市道路的绿化水平不仅反映了城市的整体面貌，也体现出城市绿化的整体水平。城市道路绿化是城市文明的重要标志，城市道路绿地是城市园林景观不可缺少的一部分，更是城市建设的一项重要组成部分。道路绿地系统首先不仅仅服务于城市，更重要的是给城市居民带来健康、美丽的生活环境。它在改善城市气候、创造良好的卫生环境、丰富城市景观面貌、构建和谐生态型城市交通系统等方面具有积极的作用。

园林事业的发展推动了城市道路绿化的进程，园林部门围绕"创建国家园林城市"这一重要发展目标，开展一系列的城市园林景观建设活动，很多城市建成了林荫大道，满足了城市道路绿化要求。该小节通过对城市道路绿地的研究分析，从城市规划与城市景观道路绿化设计的关系入手，总结和归纳出适合城市园林景观的整体发展方向和目标，把城市道路绿地的整体实践理论进行分解和提炼，梳理出符合现代城市道路绿地规划的新目标。

（一）城市道路交通绿地的作用

城市园林景观中道路绿地的设计内容主要由街道绿地、游憩林荫路、步行街、穿过城市的公路和高速路主干道的绿化带组成，它们都是以"线"的形式分布在城市中。我们可以利用这种特殊的形式联系整个城市"点""面"的绿地，从而组成一个完整的城市园林绿地系统。城市道路也是根据特定的城市地形呈现出来的，它通过利用和改善地形完成相关空间内的绿化。随着城市道路交通系统的飞速发展，城市交通系统的环境承受能力也面临新的挑战，现代城市道路交通不单要完成本来的使命，还要符合社会进步的需要，满足人类对居住空间质量的要求。因此，城市道路绿地在此基础上要不断进步和完善，以符合现代城市景观的整体思路。如今在城市道路绿化的过程中，人们往往只是考虑艺术性的发挥，因此扩大了绿化面积，但是城市道路却变得很狭窄，严重地阻碍城市道路交通的畅通。道路绿化主要目的中的美观只是其中一方面，其根本目的是美化整体城市环境和提升城市形象，因此不能只追求形式上的美观，而忽略了道路最为重要的交通功能。具体的解决办法就是合理安排城市道路绿化布局，在城市主干道旁加大植被绿化的面积，同时增加道路用地面积，发挥道路的交通功能，在此基础上利用不同种类的植物配合整体的道路绿化。只有这样才能更有效地发挥城市道路绿化的作用，在整体绿化的基础上让城市交通和城市道路得到更好运作。

1. 创造城市园林景观

随着现代化城市的发展和进步，城市的环境问题日益突出，生态环境也遭到不同程度地破坏，城市建设的可持续发展也面临新的挑战。现代城市不仅仅需要基础设施的不断完善，包括高楼大厦、交通系统以及配套的灯光效果，也需要提升人们居住的环境质量。城市道路交通绿化就是其中的一部分，它可以美化城市街景，烘托城市建筑景观的艺术效果，起到软化城市建筑硬质线条和美化城市整体景观形象的作用。

根据植物景观造景本身的性质，改变和营造城市的艺术造景，丰富城市景观动态层次，利用各种植物的形态、种类、颜色等特性，再结合原有道路的情况进行点、线、面的组合，从而对道路景观进行美化和绿化。同样在一些城市的特殊道路地段，比如立交桥和高层建筑，进行多方面立体的绿化，用园林造景的丰富性和多样性营造园林化的立体景观效果，使整个城市的绿化有丰富的层次变化，绿化对象的数量和群体也有了一定的保障和增加，从而提升了城市整体的园林绿化水平，进而解决城市发展带来的一系列环境和城市绿化问题。例如法国巴黎，其城市优美庄严的道路绿化给人们留下深刻印象。巴黎城区的道路绿化都形成了自己的特色。给我们提供了很好的经验，如图 5-27 所示。

图 5-27　巴黎街道园林景观

2. 改善道路状况

借助城市道路绿化带可以分割道路，利用中间的道路绿化带把上下行车道进行划分，同时对机动车道、非机动车道以及人行横道都进行了有效的分离，这样在道路本身的意义上就保证了道路交通的安全性能，避免了不必要的交通事故。交通岛、立交桥、城市广场等地段也需要进行绿化。不同条件的地段，利用不同形式的绿化方式，都可以起到有效地保障道路安全、保障车辆的行车安全、保障行人的通行安全，以及充分改善城市道路的交通状况等作用。道路绿地景观环境质量直接影响到城市的环境质量、城市景观面貌以及现代交通环境的发展。道路不单单是人们从一个空间位置到另一个空间位置出行的需求，更是城市建筑以及城市园林风景和谐一体的城市环境。对于生活在城市中的人来说，这个城市的总体形象主要来源于在城市道路上的感觉，这种感觉不仅仅是几何体的混凝土建筑物和笔直的沥青路面，其中也包括了城市道路两旁绿色植物的规划。所以城市道路绿化总体质量的提升，可以改变城市的道路状况和城市景观风貌。

科学研究表明，城市道路中的绿化植物可以有效地缓解车辆驾驶员的视觉疲劳，因为绿色会减缓大脑皮层的压力，从而降低细胞的工作压力，给人以安静柔和的感觉，因此可以大大减少城市道路交通事故的发生，道路的基本功能也得到了发挥。也就是说，城市道路绿化带不仅净化空气和美化道路交通环境，提升城市整体绿色形象，也可以改变道路交通拥堵状况，减少交通安全隐患。

3. 城市环境防护

随着现代社会经济的发展、生活水平的提高，人们对物质生活标准也有了更高的要求。如今，交通工具变得丰富多样，私家车的数量也随着生活水平的提高迅速增加，城市交通的道路承载力受到了严重的挑战。城市车辆的增加，给城市道路整体发展带来困难，同时更为重要的是，城市环境的可持续发展将给城市交通带来新的挑战。

（1）道路绿化在交通防护方面有着非常积极的作用。城市道路主要的服务对象就是机动车，而社会的快速发展，使城市机动车的数量远远超出了城市承载的能力，所以机动车就成了城市的主要污染来源。工业化脚步的加快，机动车辆的增加，致使城市污染现象日趋严重。这样一来，城市道路绿化就显得尤为重要。植物本身对机动车排放的尾气具有吸收和净化作用，由于植物本身对机动车带来的尘土的吸附功能，空气质量有所改善。据相关道路绿化情况的研究数据统计，距离路面 1.5 米的地方空气的含尘量要比没有道路绿化以及绿化情况一般的道路低 56.8%。

（2）城市环境问题的多样性，给现在生活在城市的人们带来了许多困扰，其中的环境问题就来源于噪声污染，其中城市噪声的 70% ~ 80% 来自城市交通。通常繁华的都市区域噪声高达 100 分贝，一般 70 分贝噪声就已经严重影响人类生活并对人体有害，但是植被绿化带就可以明显减弱噪声。当绿化带宽度，就可以减弱 5 ~ 8 分贝的汽车噪声。

道路是城市不可或缺的构成元素。随着城市的发展，城市的交通日趋拥堵，特别是市中心的主干道，车流量大、尾气、噪声等问题日益恶化，已经严重影响城市人的居住环境，绿化的重要性就显得越来越突出。绿化可以有效地减弱城市各种污染的扩散。一个城市是由多方面要素构成的整体。从一方面说，它就像一台机器由许多构件组合而成，景观的每一个小的部分有机地组成一个完整的大城市。在城市景观设计中，给城市每一个区域规划绿地，城市绿地面积就会增加，从而形成了一个完整的绿色城市景观。另一方面，从多方面保护和美化我们所居住的城市，这样城市也优化了我们的生活环境。

（3）城市道路绿化带可以改善道路周边的小气候，温度和湿度都可以得到很好的调节，特别在夏季树荫下的路面，温度要比在阳光直射下的路面低 11℃，这样可以降低夏季路面温度过高而引起的机动车爆胎的概率，同时可以减少路面其他安全隐患，延长路面的使用寿命，为城市道路行驶安全提供一定的保障。因此，城市道路交通绿地对整个城市环境以及城市基础设施建设起到一定的保护作用。例如西安市友谊路的行道树法桐，经过20多年的生长，现已都长成参天大树，枝叶几乎能覆盖整个路面。夏季行驶在这样的道路上，能亲身体会到树荫带给人的舒适感。

4. 城市生活休闲空间

城市道路绿地除了给交通道路和绿化带提供美化环境效果外，还能对大小不等的街道绿地、城市广场绿地以及公共设施绿地的环境进行优化。这些绿地一般建在有一定面积的公园和广场内部，能给人们提供休闲和娱乐的场地，市民可以利用这类空间进行娱乐活动或锻炼身体、散步、休憩等。这类城市绿地常安排在距离市民居住区较近的地方，所以使用率会大大提高。在公园分布较少的区域往往利用城市道路绿地作为补充，用来发展街道绿地、林荫路、滨河路这些基础设施绿地建设，以弥补城市公园分布的不均衡。例如西安市大庆路周边就没有公园、广场，因此大庆路中间宽50米的绿化林带就给生活在周边的人们提供了一个休闲的好去处。

（二）城市道路系统的基本类型

城市园林景观中道路绿地系统是城市景观组成的一个基本条件，同时也是城市园林景观布局的基本要素。所以城市道路系统的各项规划和建设都要符合城市发展的需要，进而才能建立完整合理的城市道路绿地系统。但是城市道路交通系统的性质必须在一定社会条件、城市基础设施建设以及自然条件下才能得以实现。它只是为了满足城市交通以及其他要求才形成的，不会因为某种统一的形式而存在。

现在已有的城市交通系统可以归纳总结为以下几种基本类型。

1. 放射环形道路

这种道路系统是由一个中间经过长期不断发展形成的城市道路形式。它是利用放射线和环形道路系统，通过不同的交通线，以中心不等的轴距形成的道路并且连通其他各放射线干道组成的道路系统，在各道路之间形成合理的交通连线，从而保证各道路之间的顺畅。但是这种交通系统会导致所有的交通压力集中到中心地区，车流易集中到城市中心，特别是大城市。虽然利用环形道路可以在一定程度上缓解交通压力，但是这种交通布局的复杂性容易导致拥挤现象的发生。例如俄罗斯的首都莫斯科就是一个放射环形道路布局的城市。

2. 方格形道路

方格形道路布局就像棋盘那样把城市分隔成为若干方正地形，这样的布局形式有利于城市建设，形式上比较明确，一般适用于地形比较辽阔平坦的地区。通常城市较多的方格形道路都是网状道路系统，像西安市这种古老的旧城区就是以这种道路形式为主的。

3. 方格对角线式道路

城市方格道路系统如果在规划上处理不好，就容易形成单向通过车道，从而造成拥堵的状况。为了解决城市道路的单向直通性能，一般会在方格道路的基础上进行改进，变成方格对角线式道路，但是对角线式道路在城市交通网中所形成的锐角在空间利用上就很不合适，在增加投入成本的同时也会增加交叉路口的复杂性。

4. 自由式道路

自由式道路系统的不确定性因素很多。在地形条件比较复杂的城市中，为了给居民提供合理完善的交通运输条件以便于组织交通，自由式道路系统会结合当地的地形条件进行路线的自由布局，这样反而增添了更多变化和不确定性。但是这些都必须合理规划，且要有一定的科学性。在我国地形状况比较复杂的地区，道路线型不能平直地设计，只能因地制宜，利用当地的具体地形状况规划布局。

5. 混合式道路

混合式道路系统就是以上几种道路形式混合而成的复杂道路系统，前提是必须结合当地城市地形的特点合理规划和设计，利用好城市的地形及文化历史特色，发挥自身的优势。一些大城市保持了原来以方格式为城市道路布局的基本形式，经过后续的开发和建设，将放射环形同城市中心采用的方格式完美结合起来，形成一种混合式的道路布局，这样就可以成功发挥放射环形和方格式两者的共同优势。所以，一般要经过合理的安排和规划，利用这种特殊的组合形式解决城市道路布局中的不足。

（三）城市道路绿地的类型和形式

1. 城市道路绿地类型

城市的道路绿地是一个城市道路环境的重要组成部分，也是城市园林景观的构成要素。道路绿地的带状和块状分布就是在利用"线"把城市的绿地系统整体地联系起来，以达到美化街道、改善城市园林景观整体形象的目的。因此，城市道路绿地会直接影响人们对城市的总体印象。城市和园林景观事业的发展，进一步推动了城市道路绿化的发展，使道路绿化的形式和类型也不断地丰富起来。

许多人认为，现代城市中的道路和建筑往往会给城市景观造成古板和单调的感觉，而利用植物的多变性会给人们带来不一样的感受，通过植物不同形状、色彩以及姿态的搭配可以丰富城市景观特色。这些植物大部分具有观赏性，成功的道路绿化一般会成为一个城市的特色，如西安道路两边的法国梧桐和石榴树，南方城市的棕榈植物等。道路绿地能作为一个城市区域的地方特色，除了能增强道路系统辨识度以外，还能把一些道路状况比较雷同的现象，通过道路绿化进行划分和识别。随着城市工业的不断发展、人口的增加，现代交通发展给城市环境带来了巨大的压力，污染并破坏着城市环境的生态平衡。以上问题都可以通过道路绿化缓解，同时提高道路的安全性。

根据不同植物类型和种植目的，可以把道路绿地分为景观种植和功能种植两大类。

（1）道路景观种植。从道路美学的原理出发，道路植物的种植关系会有诸多不同之处，密林式一般由乔木、灌木、常绿树种和地被植物组合而成，利用这些植物达到封闭道路的艺术效果。这样会带给人们在森林和城市之间行走的感觉，夏季绿树成荫让人们纳凉，并且明显的方向性可以吸引人们的视线。这样的布置形式一般会在城乡交界和环城道路出现，这些地方沿路种植的树木体量较大，绿化带也比城市的宽很多，一般在50米以上。通常情况下，城乡接合的地方水土都比较肥沃，有利于植物的生长。但是由于植物会遮挡视线，影响对美景的观察，所以要合理开发利用土地和植物种植，让自然生长和植物种植之间产生和谐的美感。

一般在城市休憩和城市公园绿地中会出现自然式的绿地种植模式。自然式绿地的种植一般要求自然景观的还原和自由组合，根据实际地形条件和环境具体规划。道路的两旁也会利用这种种植模式进行植物的搭配，通过不同植物的高低、疏密、色彩变化进行组合，从而形成生动的园林景观。这种组合方式一般易于和周围的环境相融合，能够增强街道路面的空间变化。自然式种植也要考虑一些客观问题，同样需要合理、科学地统筹。在路口和路口转弯处要减少并控制灌木的数量和体积，以免妨碍驾驶者的视线。宽度和距离的安排也要合理，同时要注意与地下管线的配合，选用的苗木也要符合标准。例如，在西安市东二环隔车带中栽植的丛生石榴，经过多年的生长高度已经达到3～4米，而且密度非常大，车辆在路口转弯时严重影响了驾驶员的视线，容易造成交通事故。

花园式种植在城市道路绿地中一般沿外侧布置，形成不同大小的绿化空间，包括广场、绿荫。在此基础上设置园林基础设施，通常情况下是为行人和居住区附近的人们提供休闲的场所，道路绿化可以以分段的形式和周围的景观相结合，在城市建筑密集和绿化区域较少的地方就可以采用这种方式，以此弥补城市绿地面积紧张的状况。

距水源较近的城市道路还可以利用滨河式的绿化方式，为人们提供环境优美、景色宜人的场所。如果水面并不宽敞、对岸又没有景色做映衬，滨河绿化布局就以简洁为主；如果水面十分宽阔，对岸的景色也比较丰富，就可以增加滨河绿地的面积和层次，布置相关园林景观，做出一个小的环境进行对比，建设小型近水平台等，从而满足人们的审美需求。

城市郊区道路两侧的园林植物景观大部分种植了草坪，空间的开敞性比较明朗，往往这些道路绿化与农田相连，在城市郊区一般和苗圃以及生态园林相结合，这种回归自然的形式带有明显的自然气息，与山、水、白云、湖泊等风光相融合。特别是在城市与城市之间的高速公路上，驾驶者视线良好，从而把道路绿化与自然风光完美地结合起来。

道路绿化是比较普遍的绿化形式，都是沿道路两侧各种一排乔木或者灌木，大致形成"一路一树"的形式，这在城市道路绿化中是最为常见的一种形式，也是很多城市采用的道路绿化模式。

通过以上的总结和分析我们了解到，城市道路绿化的布局形式完全取决于城市原有的道路情况，任何形式的道路绿化都要按照特定区域的实际情况，因地制宜地进行道路绿化布局。通过合理的科学布局使道路和城市园林景观完美地结合，只有这样才能发挥出不同环境下道路绿化对城市整体环境的美化作用。

（2）道路功能种植。城市道路绿化的功能性种植是通过植物的采配达到一定功能上的效果。通常情况下这种种植有一定目的性。但是道路绿化的功能性不是唯一的要求，无论采用什么形式的种植方式都要多方面地考虑，最终才能达到满意的景观效果。一般情况下的遮掩式种植是考虑把一定方向的视线加以阻拦和遮挡。例如，一个城市的景观不完美，需要遮挡；城市建设中的建筑物和拆迁物对其他城市景观造型构成影响等。这个时候就需要通过植物起到一定的遮挡和掩盖作用。2016年河北唐山世界园艺博览会迎来了大量的国内外宾客，机场高速就成了许多游客的必经之路，机场专用线绿化林带工程就是为了世园会的到来而建设的应急工程，该工程的建设初衷就是利用栽植杨树林带遮挡机场高速两侧的民房和广告牌，不仅起到了景观效果，也达到了功能性种植的目的，如图5-28所示。

我国城市在地域环境的影响下，每当夏季城市地表温度急剧上升，路面的温度也随着天气的变化而升高，所以利用遮阴式种植就可以得以缓解。遮阴式种植对改善道路环境，特别是对夏季路面的降温有明显效果，不少城市道路两旁栽种树木多是考虑到遮阴的缘故。

城市道路的绿化功能起到一定的美化作用，同样在装饰种植上也可以发挥作用，在城市建筑用地和周围的道路绿化带上，分隔带作为局部的间隔和装饰，都会有不一样的效果，它的功能多用于界限的标志，以防止行人穿过、遮挡视线、降低污染等。

图 5-28　唐山世界园艺博览会景观

道路绿化最为重要也最为常见的就是地表植物的种植，它的作用是覆盖裸露的地面。草坪就是最常见的绿化，可以防尘、固沙以及防止雨水对地面的冲刷。在北方许多地区还有防冻的功效，还可以改善小气候。地面的植被也可以协调道路园林景观的整体色调，提升城市园林景观的整体效果。

2. 城市道路绿化形式

城市道路的绿化设计必须根据道路类型、功能性质与地形、建筑的整体环境进行规划布局。在建设初期就要对实际地形做周密的调查，了解道路的等级、性质和后期维护水平等，在此基础上做好综合评估研究，把整体与局部相结合，做出最为经济、实际、环保的设计规划方案。

城市道路绿化断面的布局形式是城市园林景观规划设计中最常见的设计模式，一般可以分为一板二带式、二板三带式、三板四带式、四板五带式以及其他模式。

一板二带式，即一条道路上有两条绿化带，是许多城市道路绿化最常见的模式。一般情况下，道路中间有行车道，在行车道两边都有植物进行隔离。这种道路绿化布局的优势在于，道路绿化简单、整齐，用地合理，方便管理和维护。在行车道过宽，行道树的遮阴效果不佳时，这种道路绿化有利于机动车辆和非机动车辆混合行驶下的交通管理。

二板三带式是把道路分为单向行驶的两条车道，两边有两条绿化带，中间也有一条绿化带隔离，这种模式比较适于宽阔道路，特别是高速路。

三板四带式是利用两条分隔带把道路分成三块，中间为机动车道。此种形式的道路绿化布局占地面积会相对增加，是现代城市道路绿化规划最为合理的形式。绿化面积大，道路通达性强。

四板五带式是利用三条分隔带把车行道划分为四条，绿化带为五条，能够使道路的通达性得到保障。但是由于现代城市用地的局限性，五条绿化带的占地面积过大，一般会采用栅栏分隔，以节省用地。

由于各城市环境条件不同，必须尊重当地地理条件，因地制宜地设置绿化带。一切道路绿化的形式必须从实际出发，不能片面地追求景观效果而不考虑实际情况，应通过道路绿化解决真正的问题，缓解城市道路交通压力。

（四）城市道路绿化规划设计原则

道路是城市空间的基本组成部分，道路绿化是城市园林景观的重要组成元素之一。城市景观环境是人们对一个城市印象的重要影响因素。在城市园林景观规划下，对城市道路绿化进行设计是对自然景观的一种提炼和总结，是对艺术环境以及自然生态环境互相融合的再创造。道路绿化设计不仅要考虑功能性，还要考虑与现代城市发展步伐的一致性，视觉效果要不断地改善，并与城市园林景观的其他构成要素互相协调，力争创造更好的城市绿化景观。城市道路绿化设计有以下几项原则。

1. 城市道路绿化设计与城市景观相协调

城市发展和交通有着必然的联系，道路绿化景观是城市景观的重要组成部分，是道路功能的体现。现代城市交通系统已经成为一个多元化、多层次的复杂系统。一般的城市交通可划分为主干道、次干道、居住区内部道路等。道旁的建筑以及绿化都必须符合道路的实际。城市交通干道和高速路的景观设计必须考虑机动车的行驶速度等重要因素。商业街的绿化设计要考虑实际的需求，如果在商业街的绿化带里种植枝叶比较茂盛的树种，就会影响商业街的繁荣。居住区的道路绿化与城市主道路的绿化不能种植过高的树种，以避免遮挡低层楼房的采光。因此，城市不同区域的绿化在高度、树形、种植方式上都需要具体问题具体对待。城市主干道的绿化要追求丰富性和多变性，只有这样，才能充分发挥道路绿化在城市景观中的装饰性和功能性。

2. 发挥城市道路绿化的生态功能

道路绿化有利于改善城市地域小气候，植物的滞尘与空气净化功能在道路绿化中都能够得以发挥。道路绿化还有降温遮阳、防尘减噪等生态防护功能，这是城市景观中其他元素无法替代的。道路绿化的植物一般以乔木为主，结合不同的地域条件也会利用灌木和地被植物互相搭配，充分发挥植物的生态功能。

3. 道路绿化规划与城市发展相统筹

城市道路绿化的设计要严格遵守道路交通行车的相关规定和原则，道路绿化中的植物不能遮挡行车驾驶员的视线，不能遮挡交通指示标志。

城市道路绿化中的植物要和市政公共设施保持一定的距离，我们应该从长远的角度进行分析和考虑，合理地统筹布局道路绿化植物生长空间和公共设施的空间距离。道路绿化的设计和规划要与道路附属设施合理统筹，与城市整体规划相结合，这样才能充分发挥道路绿化的作用。

4.道路绿化的园林效果

城市道路绿化设计应该选用各种不同的园林植物，植物的外形、色彩、季象等不同，在城市景观及功能上有着不同的效果。根据实际道路景观和功能上的需要，要实现植物四季常青，就需要多种植物的配合与协调。

不同的城市可以选用不同的道路绿化植物。目前，很多城市利用花卉和树木作为城市的象征，如西安的石榴花。这些树木和花卉都使城市景观绿地有浓郁的地方特色。同时，在城市绿化方面，树种不能单一化，否则会使人感到单调。城市绿化应该以某种树木为主，搭配其他树种进行合理种植。例如，西安市的行道树以法桐、中槐、杨树为主，还有石榴树、银杏等。不同树种在外形和观赏性上使城市景观更丰富。

5.道路绿化的发展

道路绿化设计应该考虑近期和远期的发展目标，因为道路绿化景观植物的生长不是一开始就能达到预期的理想效果的，道路树木从种植开始到形成较好的景观效果，一般情况下需要10年左右，所以道路绿化设计要考虑长远的发展目标，不能对植物经常更换和移植。近期和远期的发展目标都要进行有计划的、合理的安排，尽可能地发挥道路绿化应有的功能，让道路绿植健康成长，展现出较好的绿化艺术效果。

总而言之，一个理想的城市景观环境需要合理的自然生态型道路绿化，道路绿化设计要注重道路绿化功能的全面性、植物配置的合理性、关系的协调性、景观的丰富性以及管理的科学性。这样不仅会使城市景观更加完善，也会进一步提升城市居住空间质量，让城市生活更美好。

三、城市广场绿地设计

近些年，随着社会的发展，城市广场的开发和建设越来越多。城市广场是一个城市文明形象最好的写照，它在城市中是以多种功能空间形式存在的，是城市居民社会活动和娱乐集中的场所。在进行城市广场绿地设计时，先要了解城市广场的类型和特点，才能根据不同广场的特点进行有针对性的绿地设计。

（一）城市广场的类型和特点

1.城市广场的分类

广场的类型有很多种，是根据广场的使用功能、空间形态等划分的。

根据广场的使用功能划分：

（1）纪念性广场。

（2）集会性广场。

（3）交通性广场。

（4）商业性广场。

（5）文化娱乐性广场。

根据广场的空间形态划分：

（1）开敞式广场。

（2）封闭式广场。

根据广场的材料划分：

（1）以石头等硬质材料为主的广场。

（2）以植物软质材料为主的广场。

（3）以水材料为主的广场。

2. 城市广场的特点

随着人们生活水平的提高，为了满足人们的生活需求，很多城市广场涌现出来，城市广场已经成为人们户外休闲娱乐的重要场所之一。现代城市广场在社会文化活动方面满足人们的需要，折射出其特有的文化气质，成为了解城市精神文明的窗口。现代城市广场主要有以下几种基本特征：

（1）广场的公共性。

现代城市广场是城市户外活动空间的重要组成部分，它的第一个特征就是公共性。如今，人们对自身的健康越来越重视，因此人们的户外活动增加，人们在城市广场空间中能够游憩活动。同时，现代城市广场的对外交通性大大提升，这也体现了城市广场的公共性。

（2）广场功能的综合性。

城市广场功能的综合性一般体现在广场中复杂人群的多种活动要求。它是广场具有活力的先决条件，也是城市广场公共空间最具有影响力的原因。现代城市广场空间能够满足人们户外活动多样性的需求，包括聚会、晨练、综艺活动等。

（3）广场空间的多样性。

现代城市广场空间的多样性特点能够满足不同功能的需要。一般广场上都会有歌舞表演，这就需要有相对完整的空间，还需要有相对私密的空间来满足人们休息和学习的需求，因此广场的综合性功能必须和多样性的空间相结合，实现广场全面的功能。

（4）广场的文化娱乐性。

现代城市广场是城市标志性的建筑空间，是反映一个城市居民生活水平和精神面貌的窗口。注重舒适性是现代城市广场设计的普遍追求，在此基础上，城市广场的文化娱乐性才能得以体现。广场上的景观设计、植物绿化以及一系列的基础设施都应给人放松的感觉，要让城市广场空间成为人们在紧张工作之余的一个享受生活、放松身心的场所。人们会在广场内参加一系列的娱乐活动，这种自发的娱乐方式充分反映了城市广场的文化娱乐性。

（二）城市广场绿地设计的基本条件

1. 纪念性广场

纪念性广场主要是为纪念某段历史、名人以及事件而建的广场。它一般包括纪念广场、陵园和陵墓广场等。

纪念性广场都是在广场的中心位置或两侧设置有利于突出主题的纪念性建筑物作为广场的标志物。标志物应该位于广场整体构图的中心位置，布局形式必须满足纪念气氛和象征性的要求。这类广场在设计和规划布局时要充分体现良好的视觉效果，以便供人瞻仰。通常情况下，这类广场必须禁止交通车辆在广场内部通行，以防干扰到广场气氛。广场内部的绿化以及景观设计要充分考虑到同整个广场的统一与协调，以营造庄严肃穆的广场气氛。

纪念性广场绿地设计要迎合广场的纪念意义，整体风格要庄重、宏伟、简洁、大方。一般情况下，这种纪念性广场的绿化必须选用具有代表性的植物。如果广场面积不是很大，就要选择与纪念性广场相协调的植物进行点缀和修饰。面积较大的纪念性广场需要以主体物为中心，以松树、柳树等为主要树种，周围以小型乔木作为点缀，从而构成功能、政治、纪念相协调的广场绿地系统。例如，图5-29所示为北京天安门广场。

图 5-29 北京天安门广场

2. 集会性广场

集会性广场主要用于文化集会、庆典等活动。这类广场不宜过多设置建筑和娱乐性设施。

集会性广场一般出现在城市中心地区，是一些重大政治活动的公共场所。集会性广场中最重要的市政广场一般处于城市的中心位置，通常是城市行政中心、旧行政单位所在地，一般建立在城市的中轴线上，成为城市的象征。在市政广场的设计布局上通常都会体现出城市特点，或建设代表城市形象的建筑物。例如，图5-30所示为巴黎金字塔广场。

图5-30　巴黎金字塔广场

集会性广场的规划设计要与周围环境相协调。无论是平面的景观效果、空间透视、空间组成形式还是色彩对比等，都应该彼此联系、互相辉映，从而达到城市集会性广场的艺术效果。集会性广场绿地设计一般不设置大量植被，多用水泥和石材铺设广场。但是在节日的时候会布置大量草坪和盆景等，以此来烘托节日欢乐的气氛。有些集会性广场的中心位置会设置常青树，树种的选择和种植与广场周围建筑环境相协调，达到美化广场及城市的效果。

3. 交通性广场

站前广场和道路交通广场都是交通性广场。城市道路系统中交通广场具有连接交通枢纽、疏散、联系及过渡的作用。交通广场可以在全方位的空间布局上进行规划，从而分隔车流，缓解城市交通拥堵。城市交通广场可以很好地满足城市交通畅通无阻、方便人们出行等需求。交通性广场一般都是人群聚集的地方，如汽车站、火车站、飞机场等的站前广场，如图5-31所示。

图 5-31 火车站广场

交通广场作为城市交通枢纽的重要组成部分，具有方便人们出行的功能，也具有一定的城市景观装饰作用。交通广场的绿地设计要考虑城市交通网的组建，满足车流的集散要求，构建色彩丰富、形式鲜明的绿化体系。

4. 商业性广场

城市商业性广场包括集市广场和购物广场。大多数商业性广场都采用步行街的模式布置，这样就使商业活动区域集中，以满足人们购物的需要。这种布置模式可以避免与道路车流的混合交叉，方便人们购物，也可以为人们提供休息、餐饮等一系列的服务。一般商业性广场都比较适宜分布在城市中具有一定代表性和特色的区域。例如，图 5-32 所示为三里屯广场。

图 5-32 三里屯广场

（三）城市广场绿地设计的基本原则和绿地种植形式

城市发展对城市广场的要求不断提高，广场的性质和功能不断更新，广场已经成为现代城市文明的主要体现。下面对城市广场绿地设计原则进行分析和总结。

1. 城市广场绿地设计原则

城市广场绿地设计必须和城市景观的整体规划保持一致。广场绿地的功能要与广场其他功能进行统一安排，进行合理的统筹规划，从而更好地发挥广场绿地的作用。

城市广场绿地设计最重要的是，要做到与城市整体的绿化风格协调统一，选择适合生长和特色突出的绿化植物，美化城市环境，改善城市小气候。广场绿地的设计原则是在不同的情况下进行合理的分析，结合实际情况进行科学的统筹规划，让广场绿地随着城市景观的发展有所创新，从而满足现代城市的发展需求。

2. 城市广场绿地种植形式

（1）集团式种植。

集团式种植是整形模式的一种，能够合理地把植物进行组合，利用一定的规律进行栽种布局，从而达到广场绿地植物的丰富性和艺术性效果，由远及近地产生不同的视觉感受。

（2）排列式种植。

在广场绿地种植中，排列式种植模式也是比较常见的一种，它属于整形方式，主要用于广场空间周围的植物生长带，起到分隔的作用。这种种植模式必须把握好植物之间的种植距离，以保证树种的采光，促进绿地植被的生长。

（3）自然式种植。

这种种植方式是利用有限的空间，通过不同树种和花卉的搭配，在株行距无规律的情况下疏密有序地布局种植，借助空间角度的变化，产生变化丰富的绿地景色。自然式种植必须与实地环境条件结合，才能保证广场绿地植物的健康生长。

中国几千年的造园技艺自古至今发挥了很重要的生态艺术性作用。随着中国城市化步伐的加快、社会的进步和经济的增长，园林景观在城市规划建设中越来越重要。

景观绿地设计虽然在整个城市景观规划中只是一个具体方面，但在某种程度上却体现着景观设计规划者对自然、城市、人类的整体认识。城市的景观绿地作为城市整体规划中的一部分，呈现在人们面前的是绿化的分布、配套景观的协调等。人们追求园林城市、生态城市，将造园技艺与绿地设计应用于城市建设，努力使现代城市体现出生态美。

第三节　地域性城市景观的设计策略

一、与地域自然环境相协调

城市景观设计都是在现有的自然地理环境的基础上加以创造的，不可能脱离自然地理环境而独立存在。无论是从保护自然环境的角度还是从地域性城市景观设计的角度出发，注重与地域自然地理环境相协调进行设计，不仅能使设计出来的作品具有地域性，也能更好地适应自然环境。例如，图5-33所示的西游记景观位于新疆开都河，由1 000t汉白玉雕制而成，长39.71m，高10m，向游客展现的是小说《西游记》中唐僧师徒路过通天河遇阻的故事。

图5-33　《西游记》景观

二、尊重地域历史文化

每一个城市都是伴随着人类历史的发展而发展的，因而每个城市的各个部分都脱离不了该城市所在地域的历史文化，无论从何种角度来看，城市都蕴含了当地的历史文化。在城市景观设计的任何阶段，设计者都必须尊重设计场所的历史文化，要在历史文化的基础上进行设计。

例如，图5-34所示的诸葛亮城景观位于山东省沂南县诸葛亮文化广场。因为沂南是三国名相诸葛亮的故乡，在整个景观设计中，主体架构是以诸葛亮一生职业生涯的重要节点为元素，以历史时间为轴线，形成一条中央景观雕塑带，并以此为基础，结合地形条件规划设计出以汉代建筑风格为主的仿古现代商业建筑群，包括动漫城、豪华影视城、KTV、儿童智力娱乐城、商务酒店、书画城、健身中心及训练馆、咖啡馆、酒吧等休闲区域，地方餐饮名吃区域，珠宝玉石、名表、电子产品、家居综合城、综合超市、旅游产品及地方特产等购物区域，形成集文化、旅游、休闲、娱乐、购物为一体的文化商业综合体。建成后的诸葛亮城既是沂南县一个新的旅游景点，也是沂南县最大的商业、文化中心，这里的景观雕塑作品体现了地域性与时代感，让人们在游玩的同时，学习、了解历史文化，增长知识。

（a）　　　　　　　　　　　　　　　　　（b）

图 5-34　诸葛亮城雕塑

三、尊重地域民俗习惯

我国是一个多民族国家，每个民族的风俗习惯各不相同。在不同的风俗习惯下，人们的生活习惯、服饰、礼仪、节日特色等都不一样。尊重地域的民俗习惯进行设计，能够使景观设计具有地域性特征。

例如，图 5-35 所示的湖南常德孟姜女景观是以民间故事传说为蓝本设计的景观作品，讲述了主人公敢于冲破世俗压力，追求幸福，不畏权势，不辞艰辛，万里寻夫的故事。该景观采用石雕，没有任何色彩点缀，以表达对历史人物的尊重以及对当地民俗的尊重。

图 5-35　孟姜女景观

四、尊重地区人民情感

在现代景观设计中，有一个很重要的原则就是"以人为本"。对于地域性景观设计而言，"以人为本"更多的是强调尊重生活在城市中的居民的地域情感。人们对自己生活的地方有很深的感情。景观设计要尊重人们的情感。

如图5-36所示，厦门海洋公园门口矗立着一个章鱼景观。厦门是一个海边城市，各类海鲜丰富。城市的海洋公园既表现出区域性的水资源特色，又表达了人们对城市的情怀。厦门海洋公园以海洋生物类景观居多。个性鲜明的章鱼以自身的优势，被选为入口景观，吸引游人观赏。

图 5-36　章鱼景观

图5-37所示为曼德拉景观，曼德拉景观雕像由高5～10米的50根金属柱组成，人们只有在35米以外的一点才能辨识出曼德拉的头像。曼德拉景观的出现让世人熟知南非夸祖鲁–纳塔尔省，在缅怀伟人的同时，也在激励着世人，发扬友爱、坚持、互助、和平的精神。

图 5-37　曼德拉景观

第四节　地域性城市景观的设计表现手法

在了解地域特征的基础上，探索如何把地形地貌、气候、植物、水体、人文等这些特征要素融入城市景观设计中，需要对地域性城市景观设计的表现手法进行研究。一般而言，地域性景观设计综合多种设计表现手法进行创造，下面在地域性特征的基础上综合分析几种景观设计表现手法。

一、再现与抽象表达

再现也可称为重现，在艺术表达上通常是艺术家把对社会生活中的客观对象的理解刻画在其艺术作品里。设计同样是一种艺术，在地域性景观设计中，再现不是简单地对地域特征的某些方面进行再现，而是通过对地域特征的综合分析，运用巧妙的构思，运用新的材料与技术，达到地域性景观设计的目标。

对于地域性景观设计而言，抽象表达手法主要是对比较鲜明的地域特色进行抽象刻画，这里的地域特色可以是一个地域的标志符号，也可以是一个地域的建筑特征、民族特色。设计师用抽象的手法对这些地域特色进行提炼，并以一种设计表达形式将其刻画于作品中。

在地域特征的自然层面，天然的地形地貌就是大自然形成的一种地形表达方式，并且这些处于自然中的地形地貌本身就是一种出色的作品，如丘陵、梯田等。在进行城市景观设计时，设计者可以考虑通过再现与抽象的手法来模拟自然地形地貌的形态与肌理，使之成为一种表达形式。

在地域特征的人文层面，民俗风情、历史背景等是一种比较抽象的精神文化，要将其运用于城市景观设计中，就必须借助物质的形式。因此，通常的做法是对其精髓进行抽象概括，以一种形式化的表达方式将其再现于景观设计作品中。例如，长沙市步行街中的铜人雕塑就是对长沙民俗风情的一种再现表达，如图 5-38 所示。

图 5-38　长沙市黄兴南路步行街特色铜像

二、对比与融合技巧

对比是针对"新"与"旧"而言的。"旧"是指传统的设计布局、设计理念、材料以及技术手段。"新"是指现代化的建设模式，包括现代化的设计构思、新材料与新技术。对比的设计手法就是通过把这些具有明显差异的"新"与"旧"的各种构成要素有机组合，从而产生一种对照，使这些构成要素表现得更为突出，给观赏者带来一种视觉上的冲击和比较强烈的视觉构成效果。然而在城市景观设计中如果只是运用对比手法，一般而言易产生不和谐的设计感受，因此需要将有差异的两种要素进行融合，即运用融合的设计手法，将传统的构成要素融合于现代的新材料、新技术、新构思之中，从而达到和谐与统一。

在地域性城市景观设计中，运用对比与融合的设计手法，能够使作品具有历史和现实的双重观赏效果，增强景观设计的地域性特征。

例如，好莱坞环球影城位于洛杉矶市西北郊，这里是世界电影人的天堂，每年这里出产多部精彩的影片。在这里的街道上，有一座环球雕塑引人注目，城市街道的影城景观被设计成地球模型样式，代表着欢迎全世界的人们来此。景观底座是一个小型的喷水池，衬托着整个景观，就像是地球离不开水，水是生命之源。景观采用了不锈钢，整个球体的色彩为银色，显得庄重。它与街道建筑、道路等环境融为一体，又各自独立，成为环球影城不可缺少的标志，如图 5-39 所示。

图 5-39　好莱坞影城景观

　　图 5-40 所示的好莱坞环球影城文字景观是用英文字母组成的一个英文单词"HOLLYWOOD"，译为中文是"好莱坞"，它也是好莱坞环球影城的标志。它位于半山腰，颜色为白色，在蓝天、绿山的衬托下，显得格外醒目，方便人们在很远的地方就能看到它，让人们意识到自己就置身于环球影城之中。这里的景观随着这座影城而名声大噪，并与这里的艺术气息融为一体。

图 5-40　好莱坞影城文字景观

三、隐喻与象征手法

　　隐喻与象征都是文学里的一种修辞方法。隐喻在文学里是把一个事物暗喻为另一个事物，这两个事物之间有着内在的相似之处。象征是用一种具体的事物暗示其他特定的事物。在风景园林设计领域，这两种手法在中国古典园林中使用得较广泛，是比较好的设计表达手法。

隐喻在景观设计里反映的也是一种相似的关系。在景观设计作品的表达上，可以通过寻找相似的特点，利用比较具象的形式来体现地域性特征。通过隐喻的手法，把地域性特征中的历史、民族精神等抽象出来，将其融入景观设计中，从而使景观设计具有地域文化内涵。

象征也是景观设计常用的表现方法，经常被用来传递精神文化内涵。在中国古典园林中，古人经常运用的"一池三山"理水模式就是一种象征手法的应用，其中的"三山"分别象征着蓬莱仙境中的"蓬莱""方丈""瀛洲"三座仙山。园林中的植物也被赋予了象征意义。这些都成为中国古典园林的一大艺术特色。在现代景观设计中，设计者也常常运用象征手法，使其设计的景观作品带有某些象征意义，从而使作品在整体上体现出一种特别的文化内涵。

隐喻与象征手法在风景园林设计中的运用可以使设计师设计的作品被赋予一种独特的精神意义，这种精神意义可以让不同的观赏人群产生不一样的联想，创造出丰富的想象空间。另外，生活在不同地区的人群的文化背景也不尽相同，这就导致了想象空间的地域性差异。

例如在深圳市委大院门前，人们可以看到一座叫"孺子牛"的景观，也有人叫它"拓荒牛"。孺子牛景观的坐落位置与它所要表达的精神意义相辅相成，这座景观始建于1984年7月27日，在这里静静保持着埋头苦干的形象。孺子牛景观也是深圳这座城市环境变化的见证者，象征着深圳精神在拓荒的姿态中一次次闪光，一次次升腾。如图5-41所示，孺子牛景观重4t、长5.6m、高2m、基座高1.2m，是以花岗石磨光石片为底座的大型铜雕。底座之上，一头开荒牛全身紧绷，呈现出具有张力的肌肉线条，牛头抵向地面，四腿用力后蹬，牛身呈竭尽全力的负重状。牛身后拉起的是一堆丑陋的腐朽树根。整头牛的造型鲜明地体现出埋头苦干、奋力向前的孺子牛精神，同时轮廓和线条极富动感和美感。这座景观是深圳最早的城市雕塑之一，它凝聚了早期深圳人勇于开拓、大胆创新、奋力耕耘、不断前进的精神。设计师潘鹤之所以将其定名为"孺子牛"，是源于鲁迅先生"俯首甘为孺子牛"之意。深圳市委党员干部都能以"俯首甘为孺子牛"为座右铭，为人民"开拓创新、团结奉献"，各个岗位工作人员的精神财富。在这一精神财富的作用下，深圳的物质财富充分涌流。是拓荒牛的汗水、心血和智慧创造了深圳奇迹，是拓荒牛艰苦卓绝的奋斗开了中国社会主义市场经济的先河，是拓荒牛的开拓创新精神和良好运行机制推动了深圳的高科技产业迅猛崛起，是拓荒牛的奉献付出换来了深圳广大民众的美好生活，这是拓荒牛精神的正当归宿。

图 5-41 孺子牛景观

四、生态与数字化运用

生态问题是景观设计中必须关心的一个问题。从一定程度上来说，地域性景观设计本身就是一种出自原生态的设计方式。同时，运用生态学原理进行景观设计也是对地域性景观设计的认同。

在现代景观设计中，由于科学技术的发达，出现了一种新的设计手法，即数字化技术。无论是在设计过程中数字化模型对建筑空间、形体的塑造方面，还是在各种智能化管理、生态控制等方面，数字化技术都起着越来越重要的作用。

如图 5-42 所示，洛杉矶城市景观设计新颖，规模宏大，有着它自己独特的都市视角。洛杉矶不是一个孤独、单调的城市，它的每处景观都有着一定的内在联系，并且这个城市处于一个动态发展的过程中。景观表面采用透明材料，在景观表面显现的各种各样的色彩体现了洛杉矶文化的多元化。在洛杉矶这个城市内居住着不同文化背景的人，他们之间相互影响，文化相互交融，从而造就了一个像万花筒一样的文化多元化城市。景观上的传统图像与现代图像的碰撞冲击所带来的兴奋感与陌生感正是这座景观吸引人的地方。景观正如洛杉矶这座城市本身那样，包容周围一切可包容的事物，张开双臂，接纳着这座城市的人们和变化。

（a）

（b）

图 5-42　洛杉矶城市景观

第五节　地域性城市景观的应用材料

　　所有应用于景观设计场所里的各种有用物件都属于景观材料。对于一个设计作品而言，材料是表现其设计灵魂的载体。设计师对设计场所的构思只有通过材料才能传递给使用该场所的人群。从材料本身而言，每种材料都有自己的特性，材料质地、传达给人的感觉都不一样。材料是表现设计理念的物质基础，对传达一个景观设计作品的设计构思具有决定性作用。好的设计作品除了有好的设计理念外，还需要用好的应用材料来表现，如此才能达到最优的设计效果。

材料可分为传统材料、现代材料，在使用感觉上，传统材料给观赏者一种古朴的感觉，现代材料则简单大方，充满了强烈的现代化感。

一、传统材料

传统材料主要是针对中国古典园林中的应用材料而言的。众所周知，中国古典园林的主旨就是"堆山理水"，因而石材是用得最多的材料之一。石材分为很多品种，根据石头的颜色、质地、形态的不同，分为太湖石、昆山石、黄石、宣石等，这些石材中太湖石最好，因为其具有"皱、漏、瘦、透"之美。能够比较明显地体现出材料的不同导致的设计感觉不同的典型例子是有名的古典园林扬州个园，它用不同的石材创造了象征四季的四座假山，春山用石笋来隐喻"雨后春笋"，富于变化的太湖石堆叠为夏山，色泽微黄的黄石堆为秋山，冬山则用了有白色晶粒的雪石。正是这些不同性质的石材共同创造出了"春山淡冶而如笑，夏山苍翠而如滴，秋山明净而如妆，冬山惨淡而如睡"的美景。

中国古典园林中的材料特色还有一个表现比较突出的方面就是铺地材料的多种多样，从而创造出了丰富的具有地方特色的道路形式。比如，古镇中铺满青石板的小路就带有一种浓厚的古典主义地方色彩。

成都私家园林是唐朝私家园林的重要组成部分，隋唐时期，在江南园林的影响下发展迅速。浣花溪草堂又称杜甫草堂，是唐代著名的私家园林，是唐代大诗人杜甫的居住地，如图5-43所示。杜甫在《寄题江外草堂》诗中简述了兴建草堂的经过："诛茅初一亩，广地方连延。经营上元始，断手宝应年。敢谋土木丽，自觉面势坚。台亭随高下，敞豁当清川。虽有会心侣，数能同钓船。"浣花溪草堂初占地仅1亩（约666.67平方米），后又扩建。建筑布置随地势之高下，充分利用天然的水景，园内主体建筑为茅草葺顶的草堂，建在临浣花溪的一株古楠树旁。园内广植花木，满园花繁叶茂，浓荫蔽日，加之溪水碧波，构成了一幅极富田园野趣的图画。杜甫草堂质朴典雅，其间碧波萦绕、幽花溢香，既体现出杜甫故居的雅淡清幽，又不失祠堂园林的稳重肃穆。它将中国古典园林与传统诗歌、书法、绘画三种艺术精巧融合，其人文意象与自然意象相互渗透，虚与实互相融会，是纪念性园林建筑与景观结合的典范。

（a）

（b）

图 5-43　杜甫草堂景观

二、现代材料

科学技术是第一生产力。随着科技的发展，各种新技术、新方法不断涌现，材料也随之得到了进一步发展，出现了大批高质量、高技术的新兴材料。这些新兴的现代材料具有现代化的特征，能体现出现代化的设计感受，从设计师的角度来看，足以表达出创新的设计理念，从作品的角度来看，现代材料的使用使设计本身具有一种不同于其他作品的特殊之处，因而引起许多风景园林设计师的关注。

俞孔坚在秦皇岛市汤河滨河公园设计中设计了一条绿林中的红飘带，因形式独特、色彩艳丽而成了一条标志线，而且功能多样，很实用，既可以作为座椅，又能用作照明设施，还可以作为展示植物和科普的展示廊，这里选用的材料就是现代材料玻璃钢。这种材料质轻，硬度高，耐腐蚀，能完美地与设计场所融为一体，表达出浓厚的现代色彩。

　　美国景观设计师玛莎·施瓦茨也是一个非常善于在景观设计中运用现代材料的设计大师。她认为，景观作为文化的人工制品，应该用现代材料制造，并且反映现代社会的需要和价值。从她的设计作品里，观赏者可以体会到不同现代材料运用到设计场中所带来的不同观赏感受。例如，玛莎·施瓦茨设计的面包圈公园座椅运用的景观材料就是她所认为的最好的景观材料面包，如图 5-44 所示。这种材料虽然廉价，但出奇地呈现出特殊的设计构思，带有一种地域色彩。

图 5-44　面包圈公园座椅

第六节　地域性城市景观的应用技术

　　技术是将设计作品的构思体现出来所运用的手段，因而它在园林景观设计中相当重要。随着科技的进步，新兴的高科技手段不断涌现，这为设计师更好地进行设计提供了强有力的技术后盾。

一、传统应用技术

　　中国古典园林是一种独具特色的园林，其造园技艺源远流长，经过长期的发展而变得愈发精湛。随着中国古典园林的发展，后期甚至出现了专门的能工巧匠，如宋代文献中就出现了园艺工人和叠山工人的记载，明代苏州的叠山工匠被称为"花园子"。

传统的中国古典园林造园技术主要包括堆山置石技术、理水技术、植物技术与建筑技术。"堆山、理水、植物、建筑"是中国古典园林的设计四要素，造园技艺大多与这四要素息息相关。在堆山置石技术方面，造园者或用山石堆叠形成点景或假山，这种用法比较多见于园林中，或用一块造型奇特的山石独立而成景，如上海豫园中的玉玲珑，如图 5-45 所示。在理水技术方面，从情态上看，主要分为静水和动水；从布局上看，主要分为集中和分散两种形式。

图 5-45 上海豫园玉玲珑

总之，中国古代造园者的精巧技艺造就了中国古典园林艺术的独特与辉煌。

二、现代化新技术

目前，计算机应用技术基本已应用到各行各业。在风景园林设计中，除了计算机可以作为辅助设计的工具外，还产生了以计算机为基础的 GIS 技术。

GIS 技术是指以计算机为基础，对多种来源的景观时空数据进行存储与管理、数据查询与分析、成果表达与输出的综合性应用技术。它的出现使景观规划设计在方法和手段上获得了一个飞跃，改变了景观数据的获取、存储及利用方式，规划效率大大提高。它应用的三个步骤为基础数据分析、评价分析、模拟预测。

在其他的工程技术应用方面，各种产业的发展带来了新的技术手段，为地域性景观设计带来了新的内容，新的技术手段与地域场所结合在一起，用新的表现形式来体现地域文化的内涵。

与文化的地域化和全球化的关系一样，传统技术和高科技之间并不矛盾，采用传统技术并不妨碍对国外先进科学技术的吸收，它们在技术的不同层面上同时发挥着作用，各个层次的技术应整合于全球技术的大循环之中。

韩起文被誉为国内灯光雕塑第一人，他开创了灯光雕塑艺术的先河，并使灯光雕塑形成了一套完整的艺术体系。灯光雕塑艺术是将传统雕塑艺术、现代灯光技术与高科技控制手段相结合的新型艺术门类。它白天是雕塑、夜晚是灯光，不仅美化了城市，还为人类神圣的艺术殿堂增添了新的瑰宝。韩起文设计的蘑菇景观曾获 2012 年广州国际灯光节创意作品金奖，如图 5-46 所示。蘑菇景观色彩特异，造型生动的"蘑菇"表达的是城市居民对生态的渴求，绚丽多变的灯光表示科技的发展使人们的生活更加丰富多彩。整个蘑菇景观高 16m，主体结构全部为不锈钢材质，通过专业的表面处理技术呈现不褪色的宝石蓝。雕塑中的 1 万多盏 LED 点光源采用 DMX 控制系统，使作品在不同环境及时间段展现出变幻莫测的灯光效果，结合城市之光大型射灯，作品整体呈现出强烈的视觉冲击力与震撼力，很好地诠释了"绿色环保、低碳生活、梦幻时尚"的艺术效果。与"蘑菇"相呼应的巨型照相机更增加了作品的神秘感，通过这个逼真的照相机，拍照者可以在大屏幕上看到自己的姿态，踩下脚踏开关后几秒钟，照相机就会自动拍下一张以"蘑菇"为背景的照片并打印出来，这就是"蘑菇"的神奇之处。此作品的独特设计以及互动功能充分体现了灯光节"自然、城市、科技、文化"的主题，并通过节日气氛带动了现场观众的情绪。

图 5-46 蘑菇景观

第六章　现代园林中植物景观设计的发展趋势

随着现代景观的不断发展和现代人审美观的改变，传统的植物造景理念和设计手法已经不符合时代发展的需要，因此有必要提出新的现代植物景观设计理论和手法。城市设计、建筑设计、现代艺术、科学技术等都从不同侧面影响着植物景观设计，本章通过对植物景观的边缘学科研究来探讨植物景观设计的理论和手法。

第一节　植物景观在现代园林设计中的发展

植物是景观建造中最常用的基本素材。自我国古典园林形成以来，无数文人雅士寓情抒怀在植物间，以植物为主题的琴、棋、书、画、诗、歌、曲、赋等艺术作品层出不穷，形成了蔚为灿烂的中国植物文化，其历史可谓深远。

虽然对现代植物景观设计的研究近年来在学术界渐受重视，诸多文章、论坛也在探讨其发展趋势，但是在研究中发现常态植物的整体形态和视觉特性是植物景观研究中容易被忽视的问题，尤其是植物景观的地方性差异及现代植物景观的设计手法也容易被忽视，而这些往往是形成优质景观的关键。所以，导致许多人仍存有"什么是现代植物景观""现代植物景观的发展方向为何"等问题，甚至引发了对传统园林是不断地摒弃还是修正与转型等的争议。

随着社会需求和人的思维方式的转变，植物景观创作思想也发生了深刻的变化。20世纪20年代到60年代末，现代主义运动在世界范围内取得了辉煌的成就，现代设计也随之产生，发展到今天，已经形成一种多元共存的景观发展趋势。当然，其中也包括植物景观的变化。植物景观设计是交叉学科，城市规划、建筑设计、现代艺术等学科的理论与研究方法对植物景观设计产生了重要影响，现代主义、地域主义、结构主义、象征主义、文脉主义等理论与非理性主义成了植物景观设计可以接受的思想，植物景观设计的审美观念、设计理念和设计手法呈现出多种倾向的发展趋势。

一、植物景观概述

植物景观属于软质景观，它是以园林植物为基本素材，运用艺术手法创造出的表达某种意境或具有某种用途的空间。植物景观是具有生命的绿色植物塑造的空间，是一种生命材料，其形体、色彩在不断变化。这是植物不同于其他园林要素的独特性。这包含两层意义：①在一定条件下，植物景观能表达人文意境，能协调自然与人文之间的关系；②植物景观空间是以植物为衬托而形成的绿色氛围空间。

现代植物景观的定义和范畴更加宽泛，不仅包括充满自然生命气息的自然植物，还包括用现代工业材料塑造的人工植物。尽管使用的素材不同，却同样表达了现代植物景观设计"源于自然，又高于自然"的特点。植物景观范畴的扩展使植物景观理论变得更加丰富。植物景观的设计手法、适用范围不局限于园林和城市绿地，屋顶花园、乡野植物景观也是其组成部分。

景观设计手法是设计师在设计过程中表达设计思想的手段，是设计思想与理论的物化表达方法。如果说景观设计的全过程由"动脑"和"动手"两部分组成，设计手法则是动脑向动手转化的基本环节。综观各种版本的设计理论，无论使用功能还是审美意识的表达，最终都要具体到可操作、可识别的设计手法中。可见，设计手法是理论与思想的表征，是实现设计思想的必要手段。

在我国现代景观设计中，设计者往往注重硬质景观的设计手法，轻视植物景观的设计手法，对植物研究停留在物种的分类、生长习性、观赏特性等方面，还没有真正和现代景观设计融合，导致植物景观的发展落后于现代硬质景观，继而出现了硬质景观和植物景观不搭调的现象，这样的景观往往会让人感到不伦不类。同时，现代环境的恶化导致人们越来越关注自然生态环境的改善，植物在其中的作用可想而知。但要把这种理念表达出来并应用于生活，就需要运用一种甚至许多种设计手法来实现。设计手法的表达就是深层理念追求的物化形式。这就确立了对现代植物设计景观手法研究的必要性。

通过对城市设计、建筑设计、现代艺术等多种交叉学科的探讨，研究现代植物景观设计理论与设计手法，探索具有中国特色的植物景观创作之路。此外，随着社会文化的发展，各种设计倾向之间的界限正在慢慢地淡化。虽然我们总是试图将某些设计归于某种设计手法，但往往很难界定，可能就是由于设计作品的共融性和各种设计手法界限的模糊性，使植物景观的设计手法丰富多样，并不能被我们一一地罗列与归纳。人们的想象力与创造力是无止境的，植物景观的艺术形式也将随着人们审美水平的提高而变化。图 6-1 为城市街道绿化的植物景观。

图 6-1　城市街道绿化的植物景观

二、植物景观的发展历程

（一）西方植物景观的发展

西方植物景观设计从规则式、自然风景式发展到现代倡导生态和人文结合的植物景观经历了数百年，呈现出百花齐放的局面。

在维多利亚时期，植物起初被视为战利品。富有并拥有特权的园林主人喜欢在自己的园林中栽植一些不寻常的植物，这形成了植物材料的多样性。当时一些前卫设计师对造园中规则式手法的滥用进行了谴责，倡导用更多的自然式种植。

西方植物景观设计在 20 世纪 60 年代才得以深入发展，设计师开始利用植物元素增加园林的情趣，营造雕塑般的效果，强化情感和艺术特征。随后，多种植物组合的概念进一步发展，结合了美学、园艺学和生态原则，强调可持续性。

当前，西方国家的植物景观分类细致化、成熟化，而且不同类型的绿地系统有不同的要求和特色。现代植物景观成为优美的绿色开放空间，为人们提供了优美的自然景色。格特鲁德·杰基尔、罗斯玛丽·维里、米恩·瑞、杰弗里·杰里科、丹·凯利、托马斯·丘奇等都为推动植物景观的发展起到了重要的作用。图 6-2 为托马斯·丘奇设计的泳池景观。

图 6-2　泳池景观

（二）中国植物景观的发展状况

在中国，"植物景观"在一定程度上可以说是古典园林的植物配置。在中国园林中，通过合理的植物配置不仅可以营造良好的小气候环境，还有利于塑造富于诗情画意的意境空间。所以，有人称中国人赏景看的是景，游的是文化。图 6-3 为苏州拙政园的植物景观。

图 6-3　苏州拙政园

我国学者对现代植物景观的关注直到 20 世纪 80 年代才开始。目前，对现代植物景观的研究基本上继承了园艺学的研究方法，大都集中在对植物观赏特性的研究方面。早期的一些园林植物的研究中主要针对某一属、种，植物种类的排列顺序一般都是按照植物分类学的通行做法。这样的研究方式使学习者能够对每一种树木的性状有比较清楚的认识。但这种研究方式只适用于植物学研究，没有触及现代植物景观设计的深层次研究。后来，有一些学者在研究时将园林植物按照视觉特性、使用方法等进行了一定的分类和归纳。他们的研究是以园艺学和植物分类学为出发点的。这种研究方法在我国的景观设计中一直处于主导地位。但对现代植物景观设计手法的研究有所不及，在实际设计中可操作性也不强。时至今日，将现代设计观念引入植物景观设计中已经成为必然，因为植物景观设计不可能脱离现代景观设计这一整体体系。

三、植物景观发展需求的变化

（一）思想观念的转变

思想观念是人们认识问题、解决问题的习惯性思想程式与方法。思想观念的转变是使思想转化为现实的基础。这是研究现代植物景观的社会基础和思想基础。

在这个非物质社会，人们的思想观念和思维方式发生了根本性的转变。其中，思想观念的根本性转变表现在以往被人们视为相互对立的现象不再呈现一方与另一方不可共处的状态，而是同时出现，甚至相互融合。例如，物质与非物质的对立、精神与身体的对立、天与地的对立、主观主义与个人主义的对立等已经在不知不觉中消失。人们思想观念的转变远远先于客观对象的变化。思想观念出现了由保守性向创造性、封闭性向开放性、单一性向多样性、静态性向动态性、依附性向独立性的转变。正是处在这种时代背景下，植物景观设计发生了重大的转变，出现了从追求唯美到表达真实生活的转变。

在中国传统园林占主导的时代，人们总是追求一种"意境美"。但在自动化程度日益加深的现代，植物景观设计日益复杂多样，人们越来越追求一种无目的性的、不可预料的、工业化程度较高的表达方式和设计意图，进而形成了一种"反诗意"的植物景观设计。显然，这正是现代主义所追求的东西。

当代的设计往往经由不同专业人士共同规划、设计和建造完成。所以，植物景观的设计手法处于一个各种设计理论多元共生和普遍审美化的趋势中，植物景观设计更富创造性和灵活性。设计师从众多的当代建筑、艺术、电影等领域中获取灵感，一改传统创作思想的单一，更多地强调人类的本质力量，强调设计对现实生活的创造，强调设计的无功利性，强调人性的重要性。

（二）形式与功能的重新诠释

进入现代工业社会，特别是数字时代以来，人们生活的方方面面，无论"功能"还是"形式"，都经历了一种从物质性到非物质性的过程。功能本应与形式相一致，在形式中有所表现，但在现代数字信息时代，许多高科技产品或智能产品的表现形式已与其功能脱离。

那么，形式与功能的关系发生了什么变化呢？社会学家马克·第亚尼主编的《非物质社会》一书中提及了"形式激发功能"的说法，他把"形式追随功能"这种被动式的关系变成了主动方式，说明形式对功能可以产生积极的意义。

随着社会的发展和人们生活方式的改变，现代植物景观被赋予了新的内涵。比如，面对日益严峻的城市环境问题，城市规划理论的相应发展、城市规划布局和外部空间形态的变化使景观格局也发生了相应转变。又如，随着私家车进入人们的生活，城市的交通流线组织也对植物景观设计提出了新的要求。随着人们生活水平的提高，人们的审美方式发生了很大改变，现代植物景观设计也因此被赋予了新的形式和功能。这就要求设计师在现代植物景观设计中重新审视人们的行为习惯，用发展的眼光看待人们不断变化的物质和精神文化需求，关注人的环境行为心理和审美需求，赋予现代植物景观以新的形态和内涵。

第二节　现代植物景观设计的表现

植物景观设计一直与建筑学的联系都很紧密。从传统园林的发展来看，植物造景是建筑的一部分，而现代建筑更是走向了景观化。植物景观的选材和风格随着建筑风格的转变而变化，建筑设计也越来越注重和环境的关系。

一、现代景观化的园林设计风格

（一）建筑与庭园的结合

意大利建筑师阿尔帕蒂认为，住宅与庭院应是一个有机的整体，不应当只把庭院包含在景观里，而是要将它融入景观中。建于 15 世纪比苏齐奥的西克纳·穆佐尼别墅内的下陷式庭院完美地阐释了将建筑延伸到庭院或将庭院延伸到建筑的概念。这座别墅建在山坡上，在布局上充分利用了地形的变化，使每一层楼都有一座不同的庭院。这种将住宅与庭院连为一体的观念在欧洲被沿袭下来，这体现在人们钟情于规则庭院。

从19世纪以来，将建筑与庭院连为一体的最普遍的建筑方式就是温室。还有就是波特曼创造的共享空间，他把自然景观引入建筑中表达了人们享受自然的观念。建筑之中有阳光、泉水、高大的树木、灌木花卉，人们可以轻松地在室内享受自然的恩泽。许多大型的商场和购物街中也融入了自然，如高大的喷泉、潺潺的小溪流、参差的树木等。

这种与建筑结合的庭园启发了现代景观设计师，他们不但考虑到运用现代材料和方法，而且创造出了清晰的三维空间。他们对三维空间的精心构思促成了多层植物景观形态的诞生。促成这一结果的另一因素是地面空间的有限和价格的昂贵，导致了其向空中发展。这种新型的植物景观解决了城市中缺乏空间和绿化缺少的问题。例如，一幢办公楼，其庭院和建筑亲密无间，攀缘植物分层爬在办公楼的墙上，简直就是一幅植物组成的绿窗帘，如图6-4所示。

图6-4　建筑物绿色植物景观

（二）植物与建筑的融合

许多现代主义建筑师都提出了建筑与环境的关系问题，如密斯、赖特和柯布西埃的作品都非常强调室内外空间的连续以及建筑与园林的融合。在建筑师的影响下，现代风景园林设计师在设计中也不再局限于园林本身，而是将室外空间作为建筑空间的延伸。

托马斯·丘奇设计了大量的庭院，虽然每个在风格、场地、建筑以及主人的喜好上有所不同，但一般藤本植物和建筑间都有不规则的草地、平台、游泳池、木质的长凳、遮挡日晒及其他消遣的设施。托马斯·丘奇在设计中根据建筑的特性和基地的情况把这些基本的元素进行了合理的安排，创造出了极富人性的室外生活空间。托马斯·丘奇最有影响的两个庭院设计是加州 Sonama 的唐纳花园和加州 Aptos 的海滩住宅花园，他通过形式和材料的重复使场地与周围的自然景观相结合，并运用各种变化形式使建筑中硬朗、几何的线条与自然环境中自然、流线型的线条相连接。

还有许多现代主义园林设计师通过与建筑师合作，创造出许多园林与建筑完美结合的作品。在这方面，丹·凯利做得非常出色，他的设计总是从建筑出发将建筑物的空间延伸到周围的环境中。他采用的几何空间构图与现代建筑的简洁明快极为协调，使建筑与园林得到了有机的融合。杰里科认为，景观设计作品应该把场所精神作为设计中心，建筑应该融于景观之中，其作品完美地将建筑和园林结合在了一起。具有代表性的是现代建筑大师莱特提倡的有机建筑观点，他认为建筑应该像植物一样是从地球上生长出来的，自然法则是人类建筑活动的根本法则，强调建筑要像生物一样，与天体运行、时序变迁同步，充满生机。在这种观念的影响下，他做了一系列建筑设计，这些设计完整地体现了他的设计理念。例如，他设计的西塔里埃森住宅宛如生长在大自然中的岩石上一般，所用的材料也都源于当地，如图 6-5 所示。

图 6-5　亚利桑那州西塔里埃森住宅

建筑设计师奥比耶·鲍曼认为，每块土地都有其潜在的灵魂，建筑应该是土地的一部分而不是与之脱节的异物或孤立无援的艺术品。他的理论在布伦塞尔住宅的设计中得到了很好的体现。植满草皮的坡形屋顶最大限度地减少了建筑物的体量，让它自然地衍生在荒野中，而没有对周围环境产生过分的压迫感。站在距离建筑不远处起伏的山坡上，越过建筑的屋顶仍然能够毫无遮掩地一览伸向地平线的大海。

安托万·普里多克设计的树之剧院充分体现了建筑与环境的有机联系，该庭院位于密林遍布的陡峭峡谷的边缘上，岩层上面有一层梯田，上面种植着植物，而几乎所有房间都通向室外，以便人们充分欣赏到奇妙的自然景色和野生动物。房顶是观察台，上面开有一个圆形的天窗，以便阳光照射到下面的餐厅。在建筑上还设计了一部"天梯"，"天梯"从建筑延伸出去，渗透到峡谷的树林中，以便人们观察到不同的鸟巢而不会打扰鸟儿。这个利用高技术建成的景观是由黑色钢材制成的，地板用的是打孔的钢板，使人们能够看到地面。整个建筑所用的材料和有棱角的几何形混凝土建筑都与柔软的植物景观形成直接的对比。建筑没有辟出一个严格意义上的庭院，但它与周围的环境直接形成了一座庭院。其奥妙在于它的建筑和结构，人们可以进入自然环境中并欣赏美丽的景色。

（三）屋顶绿化

在建筑中穿插绿意，这一做法自古有之，发展到今天这样如此关注屋顶绿化，可列举出几个理由。最大的理由是把屋顶绿化作为改善城市环境和缓解"地球温暖化"现象的一个方法。毫无疑问，通过绿化改善环境是屋顶绿化兴起的首要前提，另一个原因则是现代城市用地的紧张。

说到屋顶绿化，人们往往把它理解为屋顶庭园的同义词，这一理解并不全面，从与建筑的关系来说，实际上还包含多种形态和支持这些形态的技术。

布雷·马克斯为 CAEMI 基金会所做的环境设计中一部分是屋顶花园设计。由于没有土壤层，布雷·马克斯建造了高大的种植池，一些是方形，一些是圆形，并种植了各种各样的植物。他还通过在种植池中间竖立高高的柱子来塑造竖向的空间，柱子包裹着蕨类植物作为树皮，能给人以雕塑般的感觉，如图 6-6 所示。

图 6-6　CAEMI 基金会屋顶植物景观

（四）走向地下的绿色建筑

建筑也开始走向与环境相结合的道路，人们利用现代技术和材料，在屋顶上栽种植物，开始把建筑向地下发展，最大限度地保留地面上的植被，并利用太阳能技术等，既节约了能源，也使建筑与环境浑然一体。在这种设计理念下，具有传统意义的"窑洞"建筑相继出现。

Cehegín 的红酒建筑是由翻新的酒窖改建而成的，这里的红酒已经生产了1 000 多年，该项目的重点是保护原有的结构而不是改造，目的是更好地向公众展示传统的酿酒做法。这种空间像山洞一样，对地下原有结构并没有多大改动，达到了预期的效果，如图 6-7 所示。

（a）
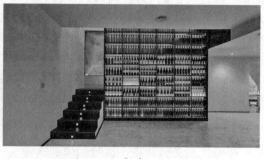
（b）

图 6-7　Cehegín 的红酒建筑景观

二、建筑流派与植物景观

当代各种主义与思潮的并存使现代景观设计呈现出了前所未有的多元化，植物景观同样受到了影响。例如，建筑界中的现代主义、结构主义、后现代主义以及各种非理性主义都成了植物景观设计可以接受的思想，并且在植物景观设计中得到了一定的体现。

（一）现代主义

现代主义在 17 世纪时开始建立，受到了笛卡儿的数学观念的影响，笛卡儿希望用数学的方法理解和建造整个世界，使事物不断地结构化和条理化。现代主义主张设计要具有时代特点，时代改变了，设计就不能沿用旧的形式和旧的美学原则；把功能性作为设计的出发点；主张运用新的技术、新的材料；主张设计应为人民大众服务，等等。沃尔夫·R.韦尔施在《重构美学》一书中把"现代"归纳为五个基石：新开端的激烈性、普遍性、量化、技术特征以及统一化。在其影响之下，景观设计的形成、发展与建筑的发展基本是相辅相成的，并逐步形成了有别于传统园林的风格和形式。植物景观设计手法的研究大致也是如此，只是在理论上没有像建筑、绘画、雕塑等艺术形式那样形成一种流派或主义。

随着人类文明程度的日益提高，对过去的设计思想不断地反思，产生了对植物景观的新认识。传统的对植物景观的研究侧重植物的植物学性状，继承了植物分类学和园艺学的科学精神，在我国的景观设计中一直处于主导地位。而现代主义观念对当代园林的贡献也是巨大的，它为当代园林开辟了一条新路，使其真正走出了传统，形成了新的设计观念：反传统，注重形式生成的因果性，重视设计过程的逻辑性，追求设计与建筑产生的最大功用和效益。在概念上，新的设计观念追求概念合乎理性，讲究真实、明晰，使含糊性与不准确性降到了最低，这些实际上都是现代主义的特点，丰富了设计手法和设计思路，体现出了现代主义鲜明的民主性以及为大众设计的思想。

早期的法国现代主义者运用有力度的几何形式和明确的结构形式打造植物景观。许多人将这样的作品看作建筑而不是园林。但园林应该是什么样子，或是能够成为什么样？解决这一问题是促使现代主义植物景观形成的良好契机。

1. 以人为本

在现代主义园林中，设计的服务对象是人民群众，要充分考虑大众的需求，真正体现以人为本。除了少数的私家庭园外，大多数的项目都是为大众设计的。而无论西方的传统园林还是中国古典园林都是服务于少数权贵的，虽然英国的风景园与现代园林中的公园在形式上有某些相似之处，但风景园也是为了少数贵族的美学需求和部分人的私人使用建造的。只有现代主义园林是真正为城市提供良好的环境、为大众提供消遣娱乐的场所建造的。大众可以充分享受现代公共园林带来的优美舒适的环境，不受任何地位和身份的限制。

2. 形式与功能相结合的思想

美国建筑师沙利文于1896年提出的"形式追随功能"这一口号成了现代主义设计运动最有影响力的思想之一。现代主义园林虽然没有现代主义建筑那种绝对的功能化，但功能已成为设计师首要考虑的问题。例如，丹·凯利就认为"设计是生活本身，对功能追求才会产生真正的艺术，古代的陶器和建筑都是很好的证明"。唐纳德也倡导现代园林设计的三个方面：功能的、移情的和艺术的。现代主义园林的设计是为了满足人们的使用功能，将形式与功能进行有机的结合，而不只局限于视觉上的观赏效果。

3. 丰富的功能空间

现代主义植物景观大多为开放的公共场地，主要为大众提供观赏、游憩和休闲活动的空间，因而现代主义植物景观的功能需求比传统植物景观要复杂得多，功能空间更为丰富。现代植物景观在设计中除了注重形式上的美观和构图上的均衡完整外，还需要创造丰富多样的功能空间，以满足人们休息、赏景、散步、交流、聚会、表演、参与、停车等各种功能需求。

现代主义植物景观考虑到大众的现代城市生活的需求，利用各种传统或现代的园林设计要素进行布局，创造了一处处丰富多彩、功能合理的园林景观空间。城市休闲广场、滨河绿地、街头绿地、道路绿地、公园、居住区绿地、公司园区绿地等遍布城市的各个角落，为大众提供了观景、休闲、娱乐的各种场所。同时，现代主义植物景观设计师在进行小区环境的园林设计时，不仅会考虑公共的开敞空间，还会营造一些相对僻静的小空间，这既增加了景观空间的丰富性，又给人们带来了更多的自由选择。

4. 合理的功能分区

现代主义植物景观要很好地解决人们的各种使用功能上的需求，就必然要进行合理的功能分区。虽然有些场地较小，并无明显的功能区域的划分，但设计师通过精心的处理、安排，能使人们使用起来感到更加方便、舒适。

丹·凯利的设计在形式与功能的结合上可以说是最为成功的，他总是从基地的情况、客户的要求以及建筑师的建议出发，寻找解决基地功能最恰当的方式，如将基地拆分为一个个功能空间，然后以几何的方式将其组织起来。他对当时的新古典主义与历史主义的反感并不像埃克博与罗斯一样强烈，而是有选择地将历史作为设计的灵感之源。他在设计中借助历史传统的意象，以一种现代主义的结构重新赋予其新的秩序和功能。

5. 与环境相融合的思想

传统的植物景观与周围的环境以及建筑之间是相对独立的，园林只是建筑的陪衬，与周围的环境更是缺乏有机的联系。现代主义园林则非常注重与环境的融合，其为城市带来了优美宜人的景色，为建筑增添了舒适美观的室外活动空间。

6. 植物景观与城市大环境的融合

随着城市的不断发展，现代主义植物景观设计从庭院扩大到城市，设计手法也从园内设计转为与现代城市生活相结合、改善城市环境的设计。现代主义植物景观是现代城市化的产物，植物的形式、功能与城市的景观及城市生活密切相关。随着城市化进程的不断加快，大量的高楼大厦挡住了远处的自然风光甚至天空，而植物景观起到了调节城市环境的作用。现代主义植物景观不仅在形式上与现代城市的风格相互融合，还要满足市民对各种功能的需求。现代主义植物景观建立了一个完整的、均衡分布和灵活自由的室外空间系统，可以向不同年龄、不同兴趣、不同性别的城市居民提供丰富多样的休闲娱乐活动。

例如，城市高速公路的植物景观设计减少了高速公路对城市环境的影响，使园林与高速干道、城市环境有机结合。哈普林设计的西雅图高速公路景观就创造性地结合了道路交通与城市景观的需要，犹如飘浮在高速公路上的一条绿色绸带，装饰、美化了城市环境。

7. 通过几何形体构造空间、展现秩序

现代主义植物景观一个最为显著的特点就是它们大都由基本的几何元素建构而成，即直线、矩形（正方形）、圆形甚至三角形都频繁地出现在其中。设计师通常会运用一种几何元素重复组成的网格控制和划分场地，分割空间。这种设计手法与法国古典主义造园师勒·诺特尔的手法如出一辙，但目的各不相同。诺特尔用宏伟规整的几何式园林象征王权至上的理想，用轴线表明皇家无上的威严。现代主义植物景观设计则在园林中用几何形与网格来对应城市、街道和建筑的结构，暗示着自然乃至宇宙间的秩序，同时将勒·诺特尔式园林中死板的中轴线转化为相对自由的轴线体系，根据空间的特点灵活布置，体现了现代主义园林新的设计理念。米勒庄园中的轴线布置就参照了建筑空间划分的特点，将室外整体空间划分为功能各异的空间系统，轴线间的相互穿插、呼应使空间过渡生动且合理。

丹·凯利在设计时做的第一件事通常是从整体上理解主要环境，并选择一种最合适的处理方式，然后运用行道树形成的轴线、植物组成的阵列和独特的铺装完善设计。他的设计有时是两种相似元素间的联系，有时则是不同种类元素的融合。在后一种情况下，为了使外部空间与内在领域间的文脉能清晰地转换，丹·凯利常将注意力从设计本身转到对周边自然的关注上。

丹·凯利的园林作品充满理性与秩序，与古典园林表现的秩序不同，丹·凯利更多的是寻求在园林中表达一种人格化的自然秩序、一种永恒的精神体验。爱默生认为，人的基础不在于物质，而在于精神。丹·凯利在设计中证实了这一点，理性即是永恒，秩序只是自然在人心中的一个观念，而且它与精神相结合，成为一体，在和谐中承认了彼此的存在，成为永恒的体验。

矩形（正方形）与圆形也是凯利园林的基本构成单位，它们通常被赋予了不同的质地与用途：矩形（正方形）通常作为铺装和草坪的图案或水池的形状，圆形则是种植坛和喷泉水池的常见外形。圆形与矩形有时会同时出现在一个设计中，如1990年在设计伊利诺斯海军码头的水晶宫广场时，丹·凯利就将两者结合起来，在广场矩形玻璃层节点中央布置圆形种植坛并呈棋盘状种植棕榈树，树与玻璃层形成矩形和圆形相互交错的空间结构。

8. 线性序列空间的塑造

线性序列空间的塑造在具体的设计手法上表现为空间相对完整，地面图案得到强调，通常使用简单的几何形，但其他线形（特别是折线）也常使用，线形组合更加自由，轴线仍在使用，却不强调完全对称布置景物，而是追求不对称的均衡。

在丹·凯利的作品中，直线主要用来构成各种轴线以及廊道，例如，在亨利·摩尔雕塑花园中，展览馆建筑主立面放射出两组平行线，两侧种植高大乔木，形成两条步行廊道，而建筑与花园的过渡空间用六条平行线切割出五层台地，层层跌落，颇为壮观。又如，空军学院花园，其总体构图就是由数组横竖垂直相交的平行直线组成的，笔直的线条有力地表达了军队严明的纪律和无畏的战斗精神。

（二）后现代主义

植物景观应是一个多元化空间，以人为参与主体的多要素的复合空间绝不是现代主义的因果关系的直线型思维（假定事件状态和最终目标状态均为已知，然后试图更好地组织初始状态向终极状态转变，思维方法的基础是寻找一个规则的系统、一套逻辑上能严格产生满意甚至最佳结果的规则，是一个封闭的、终极式、"决定论"的过程）能把握和左右的。后现代主义完全放弃了这种逻辑规则的目标，采用启发式的探寻方法，将各要素构成的景观看成一个没有边际的整体，使整个有机体维持一种动态的自动平衡。在这种思想的影响下，出现了一系列具有后现代特点的景观作品。

（三）结构主义

结构主义与其说是一种流派，不如说是一种设计中的哲学思想。它通过某种记号进行信息传递，是由人们固有的文化决定的，而这种记号作为一种"符号"可以用来表达对世界的理解、传递理解的信息。

结构主义与中国传统园林追求"意境"的设计手法有所不同，是一种直观的、感性的设计手法，更注重追求视觉上的明朗与刺激。在植物景观设计中，结构主义设计多是与建筑的尺度、造型、材质十分协调的几何线形。这种手法创造的作品往往能给人留下深刻的印象，也更容易被人们接受。

结构主义有以下特征：

（1）结构主义设计通过"设计符号"不仅能表达物体本身，还能表达文化。结构主义设计将任何设计物体都看作"材质"，每个设计物体都有各自蕴含的传统的意义和内涵，依据它们之间的关系，可以将它们组合成一定的形式。

（2）结构主义设计可以将不同的文化和历史意义进行转化。

（3）每个设计的物体本身都可以被解释成不同的意思，所以可以将设计的内容进行"结构"分解。

位于德国哈勒市的企业及其建筑内庭景观规划、平面分区、线性规划、不同材料的叠加使用都体现着结构主义的设计特色，即设计结构图与颜色相互交织在一起，形成丰富的景观，带给人们多种感官感受。

巴黎建设的纪念法国大革命200周年的九大工程之一的拉·维莱特公园是结构主义的典型。伯纳德·屈米的设计思想自有他的一套结构主义理论为依据。他的设计非常严谨，方案由点、线、面三层基本要素构成，屈米把基址按120米×120米画了一个严谨的方格网，在方格网内约40个交会点上各设计了一个耀眼的红色建筑，屈米把它们称为"Folie"（风景园中用于点景的小建筑），它们构成了园中"点"的要素。他将方格网构成的点系统、古典式的轴线的线系统和纯几何的面系统叠加，从而形成了冲突、疯狂的结果，即有的变形，有的加强，线的清晰被打破，面的纯洁被扭曲。他抛弃了设计的综合与整体的观念，是对传统主导、和谐构图与审美原则的反叛。他将各种要素分解开来，不再用和谐、完美的方式连接与组合，而是用机械的几何结构处理方式，更注重景观的随机组合和偶然性，而不是传统公园精心设计的序列。但在拉·维莱特公园的设计中仍然流露出法国巴洛克园林的一些特征，如笔直的林荫道、水渠等。那些耀眼的景点建筑尽管是以严格的方格网布置的，但彼此间相距较远，体量不大，形式上也非常统一。而公园中作为面的要素出现的大片绿地、树丛构成了园林的总体基调，因此这些"Folie"更像是从大片绿地中生长出来的一个个的红色标志。在这种自然式种植的植被中，我们感受不到那种严谨的方格网的存在，整座园林仍然充满自然的气息。屈米提出了一种新的可能性，即不按以往的构图原理和秩序原则进行设计也是可行的。

（四）解构主义

20世纪70年代，法国哲学家德里达最早提出了解构主义。他大胆地向古典主义、现代主义和后现代主义提出质疑，认为应当将一切既定的设计规律加以颠倒。他提出了解构主义，反对统一与和谐，反对形式、功能、结构、经济之间的有机联系，认为设计可以不考虑周围的环境或文脉等，提倡分解、片段、不完整、无中心、持续地变化，而利用解构主义的裂解、悬浮、消失、分裂、拆散、移位、斜轴、拼接等手法也确实产生了一种特殊的不安定感。他把这断裂性和错位性特点推向极端，用逆反的形式展现一种新的审美方式。在他的哲学审美意识影响建筑的同时，当代景观设计在积极响应并使解构主义应用于景观设计中。

景观设计师路德维格·根斯德汲取了康定斯基、柯布西耶的艺术营养。他在园林设计中体现的是解构主义，包含一系列锐利的、不对称的构图，由硬质与软质材料组成。这种不对称并不是指园林是不规则的，因为铺装是棱角分明的，而且黄杨、紫杉篱以及地被植物都被精心地修剪过，以创造一种强烈的规则感觉。

哈格里夫斯在辛辛那提大学设计与艺术中心的环境设计中（图6-8）也使用了解构主义，一系列蜿蜒流动的草地、土丘好像是从建筑师艾森曼设计的扭曲的解构主义建筑中爬出来的一样，创造出了神秘的形状和变幻的影子。这个设计不是在迎合建筑风格，而是站在景观创作应有的角度创造一个"玄秘而又奇异"的场所。

图6-8　辛辛那提大学景观

第三节　现代植物景观设计的观念的转变

现代现代主义艺术的构图方式和观念，形成了完全区别于传统园林景观的特点。在空间特性上，现代景观设计师从现代派艺术和建筑中汲取灵感构思三维空间，再把雕刻方法加以具体运用。现代庭院不再沿袭传统的单轴线方法，立体派艺术家多轴、对角线、不对称的空间理念已被景观设计师广泛运用。另外，抽象派艺术同样对植物景观设计起着重要作用，曲线和生物形态主义的形式在庭院设计中也得到运用。同时，由于当代美学处于动荡的时期，各种流派和风格观念对景观的影响使植物景观设计同样或多或少地发生了一些变化。因此，现代植物景观设计手法具有多元化的特点。

一、艺术观念的转变

现代艺术的产生，使人们的艺术观念发生了翻天覆地的变化，这种变化影响了整个人类文化，对人们的生活习惯、生活方式也产生了重要的影响。由于具有技术与艺术相结合的边缘学科的特性，现代植物景观设计在创作观念上难免受到艺术观念的影响。

与 20 世纪以前的西方传统艺术观念相比，现代艺术观念在以下几个方面发生了转变，并在一定程度上对现代植物景观设计产生了直接或间接的影响。

（一）从模仿再现走向主观精神的表达（具象与抽象的表达）

从模仿再现到主观精神表达的转变是一个相对的概念。现代艺术诞生于西方，多个世纪以来，西方人脑海中始终存在真实的美。艺术的目的就在于模仿再现这些真实的客观世界，文艺复兴完善了这一真实的概念，以透视、解剖、明暗等科学法则发展和充实了再现客观对象、描写真实的艺术手法。然而，现代科学技术的发展尤其是照相术的产生和普及对模仿写实艺术构成了相当的威胁，东方艺术中的表现性和平面感却使西方艺术家获得了新的灵感。塞尚、凡·高冲破了传统艺术观念的束缚，在绘画中将主观精神的表现放到了主导地位。于是，表现心灵的真实、表现纯粹的主观感情成为现代艺术的一个主流。抽象派艺术、超现实主义艺术的产生和发展就是这种艺术观的具体体现。在这种艺术观念转变的旗帜下，抽象派艺术又与现代社会的发展相结合了。

在景观设计领域，抽象手法和自由平面语言的运用使现代景观在形式上更加丰富多彩，一些传统观念中的禁忌也一再被打破。例如，具有轴线式对称关系的法国古典园林的空间布局不断地被修正。

1. 模仿的表达

自古以来，中国传统的植物造景就大量采用了模仿的手法体现意境。例如，古典园林中的"一拳代山""一勺代水""三五成林"等都是对自然界万事万物的模仿。到了现代社会，人们对自然的渴望越来越强烈，他们喜爱自然、欣赏自然，并有意将自然引入生活环境中。模仿的手法也沿袭至今，成为现代植物景观设计的创作手法之一。模仿可以分为对客观事物的模仿、对自然景观的模仿、对自然景象的模仿、对自然时节的模仿四种方式。

（1）对客观事物的模仿。我国是一个文明古国，经过几千年的孕育发展，许多具有美好寓意的事物在民间广为流传。虽然由于种种客观原因，一些具有美好寓意的事物已经不复存在，但是人们追求幸福美好的愿望依然存在。因此，在现代绿地植物造景中，常常利用不同色彩的花灌木（如金叶女贞、红花继木、小叶黄杨、矮生紫薇、海桐等）构成花篮、钟表、同心结等图案，以体现生活中的点点滴滴。

（2）对自然景观的模仿。在城市中一般很难看到自然的山水，所以在有限的城市空间中常常用不同的植物造景模仿不同的自然景物。例如，利用同一种类的乔木、灌木进行丛植或群植来形成"城市森林"，水杉枝叶茂密、高大挺拔，往往通过群植的方式形成绿色屏障来模仿自然山屏。又如，云南世博园的入口设计利用红色的一串红、粉色的美女樱和紫色的勿忘我组成花海大道，其蜿蜒起伏的线性模仿了流淌的海水，渲染了一种热烈欢快的气氛。

（3）对自然景象的模仿。自然界的景象由日月星辰、云雾风雪等诸多因素构成，为了创造出一种自然生动、静中有动的自然景象，常常运用植物造景进行模仿。杭州花港观鱼的"梅影坡"利用大片的梅林引"日"之影，成"地"之景，借梅花的水影、月影、微风体现时空的美感，表达"疏影横斜水清浅，暗香浮动月黄昏"的意境。

（4）对自然时节的模仿。自然物的存在与形象都有一定的规律。山有高低起伏，水有流速流向，一年有四季的更替，这一切都是遵循自然之理。利用植物的花开花落、四时季相的不同色彩模仿四季的交替规律，也是植物景观的构景手法。上海延中绿地的四季园分别以每季的典型植物作为主景，按照春、夏、秋、冬排列组合，互相渗透。春园为椭圆形的休息空地，周边布置白玉兰、含笑、垂丝海棠、丁香、樱花、桃花、杜鹃、红花檵木等春花植物，并以刚竹为视觉焦点，以翠竹象征绿意盎然，其一草一木的姿态蕴蓄着刚与柔，其中芳香植物为丁香、白玉兰和含笑；夏园在弧形的道边间种合欢、紫薇、广玉兰、八仙花、栀子、六月雪，构成夏之景观，其中芳香植物为广玉兰和栀子；秋园是一个矩形图案的广场，中心的植物是一株大榉树，秋景植物有银杏、榉树、无患子、栾树、桂花、青枫、红枫等，其中芳香植物为桂花等；冬园也不寂寞，有白皮松、五针松、粗榧、蜡梅、梅树、山茶、火棘、南天竹等，其中芳香植物为蜡梅等。

2.象征的表达

植物景观形式本身蕴含的人类情感和深层意义正是以象征的手法朦胧地表现出来的。象征在本质上是通过形式与心理的某种对应使植物景观的形式与人之间的联系不仅停留在形式美感上，还深化为文化的对应。当今时代的植物景观设计不可避免地具有这种文化对应关系。在后工业社会回归人性的大潮流下，景观在技术基础上升华出的诗意的浪漫主义象征形式将极大地抚慰生活在城市中的人们孤寂、焦虑的心灵。

植物景观艺术和一切动人的艺术一样，仅靠理性是缺乏感染力的，或者说是无法达到更深、更广的审美境界的。在满足了使用功能之后，重视隐喻的象征主义成为设计师表达内在精神的一种设计手法。许多设计师在设计中通过文化、形态或空间的隐喻创造了很多有意义的内容和形式。

古代象征手法的植物造景多以寓意历史典故、宗教和神话传说为主。随着时代的发展，现代象征寓意的植物造景主要以以人为本为一切植物景观的核心"意境"。象征要求暗示多于解释，含蓄多于坦白，审美认识上有主观化的倾向，而这正适合现代大众文化和多元化表现的需要。因为审美主体对植物景观形式的解读在很大程度上取决于其主观的经历与经验，而象征表达的含义是广泛而朦胧的，这明显有别于现代主义景观形式的功能表达主义。在某种意义上，象征表达和中国传统园林空间的意象内涵有着共同之处。因此，植物景观象征性的表达非常符合当今社会思潮的个性化、多元化倾向。

植物景观的象征手法在新时期有两种发展趋势。一方面，设计师在运用象征手法时象征物不再是非常具体的物质，而可能是物体的片段、自然的背景、时间的流逝，甚至可以是一种非物质的文化、信息的映像等；另一方面，设计师在实践景观的象征形式时比以前更为大胆激进，使建筑具有比以前更为具象的象征性。

象征性的形式能赋予空间一种特定的内涵，因为它能增加一种神秘的色彩并且不同的人对其有不同的理解。日本庭园中具有象征意义的园林通常蕴含了更大尺度的景观。这就是一种设计策略，通过抽象、象征主义和借鉴造园，给人以丰富的遐想。

象征的手法是对事物特征中最精华的部分进行提炼加工，利用植物景观表达的艺术形式，它可以使较为深奥、复杂的事物变得更加形象生动，易于人们理解。在城市绿地中，人们常常可以看到一些运用植物的平面构图形成的各种各样的"符号"或"片段"，它们都是将植物材料经过抽象的手法处理后形成"只言片语"，以表达不同的主题。因为形式并不直接或较为明显地间接表达，所以有些作品只有在设计师做出一些必要的解释后才能被人们理解。

（二）放弃了统一的绝对的美的标准（美与丑的表达）

由于传统西方艺术采用模仿写实的手法反映客观对象，观众在欣赏这些作品时总以自然对象为参考来比较、认识和理解作品，以与对象的相似度来评价作品，由此形成了西方2 000多年来建立的统一的、绝对的美的标准，即真实和优美。这种艺术标准对人们的影响极其深远。客观真实固然感人，但心灵的真实可能更具有振聋发聩的力量。优美固然使人流连忘返，但丑陋同样可以使人终生难忘，回味无穷。正是由于丑的介入，艺术的空间和视野才被大大拓展，艺术倾向才不再是一元的、单向度的、唯美的。

在园林设计领域，大地艺术家史密森很关注那些被抛弃的、"创伤般"的后工业景观，他相信景观艺术是康复大地的一种有效途径，为现代景观设计将后工业景观纳入专业范围做出了贡献。

（三）艺术的价值在于发现和创造（模仿与创造的表达）

现代艺术产生以后，艺术观念极大地拓展，人们不再局限于技巧和模仿写实，而在艺术观念、艺术表现手段、艺术语言等领域中探索。这时，人们意识到艺术中最有价值的东西不在于技巧和内容，而在于不断地发现和创新。许多现代艺术家抛弃了传统艺术技巧、绘画方法和工具材料，大胆地开拓新的媒介领域，采用新的表现手段，甚至完全突破了传统绘画和雕塑的观念，使现代艺术以纷繁复杂的面貌出现在了大众面前。

现代艺术以发现和创新为艺术创作的一个重要原则，对现代设计、现代园林设计也有着重要的影响。思想上的解放使设计师在形式创作上有了更广阔的空间，这对现代园林形式创新的积极意义是巨大的。创新的景观形式是作品一鸣惊人的一个重要原因。标新立异、与众不同已经成为许多现代设计师的一个设计出发点。

在创新的号召下，传统的园林语言也被赋予了新的内涵，如在地形塑造方面，传统园林普遍将地形塑造看作营造自然环境的一个重要工程技术手段，而在现代园林中，地形成了园林设计师的一个重要艺术语言和艺术符号。哈格里夫斯就一再运用不同的圆丘状和锥状地形，并使之成为自己作品中的一个焦点，其创作的优秀现代园林具有明显的可识别性和观赏性，并得到了艺术界的认同。

（四）艺术走向过程（过程与结果的表达）

在现代工业社会中，生产力得到迅速发展，人们的生活节奏加快，各种新观念、新风尚、新产品在人们的生活中不断涌现又迅速消失，这些都说明短暂、新奇和多样化已成为现代社会的一个主要特点。短暂、新奇又总是与过程密切相关，因为过程意味着向未知领域进行探索，意味着新的发现，意味着发现过程中体验的价值。现代艺术家更注重艺术创作的过程及过程中自己得到的感受和体验，而把结果视为其次的东西，这就是艺术走向过程，这一现象是现代社会的产物。第二次世界大战以后流行于美国的抽象表现主义艺术、行动绘画艺术、观念艺术、极简主义艺术等都是注重过程的艺术。

在园林设计中，"过程"概念的具体表现就是动态的园林观。生态的逐步恢复等"过程"是设计的一个主要内容，从而使园林表现出了与以往园林截然不同的内涵。艺术走向过程使人们不再将作品的最终形式作为关注的重点，而开始注重作品的创作过程。

（五）艺术走向生活（生活与理想的表达）

在传统社会中，艺术与生活属于不同的范畴。艺术是有缺陷的世界放射出来的理想之光，它具有非功利的特点，属于精神范畴；生活属于物质的范畴。千百年来，人们早已接受了这种精神和物质分离的事实。20世纪下半叶，艺术是生活本身的观点在西方现代艺术中占相当大的优势，这样，精神的享受和物质的劳动就结合了起来，生活本身也就成了艺术。人在生活中得到许多新的感受，并把这种感受转变为个人的创造，人人都是艺术家。艺术不再是少数人才有资格从事的令人愉快的工作，人人都有权利和能力进行艺术创作。当然，这里所说的艺术创作与传统的模仿写实、有专门技巧的艺术创作不同。现代艺术观念认为，艺术的价值在于不断地发现和创造，在这一点上普通人与艺术家之间并没有天然的鸿沟，人人都可以成为艺术家是社会进步的必然。波普艺术的出现是这种观念的典型佐证。这对现代设计"以人为本"无疑是一个最好的注释和拓展。因此，园林设计要考虑人的活动，即"以人为本"，认识到"人的活动"是园林景观的重点。

二、现代艺术与植物景观设计

（一）抽象派艺术与现代园林设计

抽象派强调艺术需要"抽象和简化"，崇尚"数学般精确的结构"，特别强调直线和几何图形在艺术形象中的重要性，追求"纯洁性、必然性和规律性"。蒙德里安对垂直和水平的对位构图迷恋至深，以致他后期的绘画作品几乎都是一幅幅正方形、矩形和直线形的抽象构图。

1925年，在巴黎举办的"国际现代工艺美术展"对现代园林的历史来说具有相当重要的意义。这时的园林已经完成了由私家园林向公共园林的转变，但相较以风景园格调为主的园林形式而言，在这届展览会上，人们看到了一些具有新形式的园林，成了现代园林形式转变的一个转折点。

建筑师古埃瑞克安设计的"光与水的花园"是现代园林采用现代设计语言的一个代表。这虽然是一个几何的规则式园林，但是打破了以往的规则式传统，以一种现代的几何构图手法完成。"园林中的要素均按三角形母题划分为更小的形状。水池周围的草地和花卉的色块不在一个平面上，以不同方向的坡角形成立体的图案。色彩以补色相间，如绿色的草地对比深红色的秋海棠，橘黄的除虫菊对比蓝色的蕾香蓟。

20世纪初期，设计师雷格莱思设计的泰夏德花园（图6-9）汲取了立体派绘画的营养，他在这个园林中运用几何形进行组合，把植物从传统的运用中解脱了出来。三角形、圆形、方形、锯齿线等图形构成了一个纯粹几何的有秩序的平面。泰夏德花园的意义：它不受传统的规则式或自然式的束缚，采用了一种当时新的动态均衡构图；它具有强烈的几何性，但又不失轴线统治下的静态平衡；它是一种不规则的几何式。

图 6-9　泰夏德花园

古埃瑞克安设计的位于法国南部 Hyeres 的别墅庭院中同样运用了现代艺术带来的现代设计语言，在一块尖锐的三角地上，古埃瑞克安汲取了风格派特别是蒙德里安的绘画特色，充分利用地面并进入第三维的构图设计，创造了一种不同于以往园林形式的新园林。

作为一名优秀的抽象画家，布雷·马克斯将抽象艺术富于流动感、有机感、自由感的平面形式与美洲丰富的植物色彩相结合，在园林中形成了一种抽象图案式的景观，为现代园林的发展做出了贡献。他的自由曲线式设计语言至今仍对园林设计产生着影响。布雷·马克斯在巴西石油总部大楼的环境设计中使用了几何的设计语言，进行了平面上抽象形式的设计。

随着抽象派影响的日益扩大，抽象的手法也越来越多地被应用，成为现代园林设计艺术性创作的一个重要途径。哈普林的波特兰市演讲堂前庭的造型是对美国西部自然地貌悬崖与台地的抽象；沃克设计的日本京都高科技中心环境中的设计语言是对日本多火山的抽象；施瓦茨设计的明尼阿波利斯联邦法院大楼前广场中的丘状形式是对当地一种特殊地形 drumlin（1 万年前冰川消退后的产物）的抽象。这种完全不同于古典园林语言的现代抽象语言能够为大众所接受和喜爱，与抽象派艺术的普及和抽象观念深入人心不无关系。

　　隐喻的设计手法是为了体现自然理想或基地场所的历史与环境，在设计中通过具有认知、感知的植物空间创造具有一定情感和主题的植物景观。大多用隐喻手法设计的植物空间在视觉上带有地方特色的印记，具有表述性，易于理解。

　　人们在对园林植物进行研究的过程中已经就植物给人的视觉、心理造成的影响进行了诸多研究。受中国古典园林的影响，人们对植物的比喻功能十分重视，不同民族或地区的人由于生活、文化及历史上的习俗等原因，对不同植物常形成带有一定思想感情的看法，有的更上升为某种概念上的象征，甚至人格化了。例如，中国人常将四季常青、抗性极强的松柏类植物用以代表坚贞不屈的革命精神，将富丽堂皇、花大色艳的牡丹视为繁荣兴旺的象征。不仅中国人如此，其他国家的人亦如此，欧洲许多国家均以月桂代表光荣，油橄榄象征和平。植物比喻的功能确实是存在的，但植物的这些"功能"本身并不是植物客观、固有的性状，而是人们主观赋予其的外在灵魂。因此，园林设计师在进行景观设计时更应该注重属于植物本身的视觉特性。因为象征的原因而大量地使用某种植物只适合某些特殊的情况，如陵园的设计等。但可以换一个角度思索一下，常青树或许能够使人想到死者的精神如常青树一般不朽，可是如果全都是冰冷带刺的桧柏、油松等树种肯定会使人感到压抑，悼念死者的意义应该是使生者感觉到生的美好。

　　强调植物与文学的关系。比如，用松、竹、梅象征岁寒三友，用玉兰、海棠、牡丹、桂花象征玉堂富贵，等等。实际上，人们见到这三种植物的时候并不总是想到那些深邃的含义，也很少会想到"天人合一"。总之，现代艺术观念的转变是人类精神领域的又一次大变革。这种转变在大众中普及并被广泛地认同仍将是一个长期的过程。思想上的转变对现实的影响随着越来越多人的领会和接受逐渐在现实中表现出来，园林设计也不例外。设计并没有一成不变的规则与公式，设计手法也是因时、因地而异的，因而以单纯的美学理论作为植物景观的设计导向只是这其中的一种而已。

　　1. 隐喻设计手法的表达方式

　　（1）表述性隐喻。有一些设计的隐喻在视觉上带有文化或地方印记，具有表述性，易于理解。也有一些设计师用更为抽象的方式表达景观设计的主题或内容，由于手法过于隐喻，形式并不直接或较明显地间接表达思想，因此需要旁白的解释以便于人们理解。以舒叶南为首的墨西哥城市设计小组在设计泰佐佐莫克公园时，用全园最主要的景区人工湖及周边地形表达对墨西哥谷地历史的回忆。公园模拟了 16 世纪末与墨西哥谷地相邻的五大湖泊形态，其山水骨架不仅是普通的造山理水，还是设计师用象征主义手法缩影了的墨西哥谷地，记录了墨西哥谷地的历史。

（2）典型性隐喻。典型性隐喻设计手法常常用于体现地方特有的历史、文化、传统等。典型性是充分反映地方个性和特色的，可以大量采用当地的乡土树种或市树、市花进行造景。典型性隐喻设计手法使植物景观与基地环境有机结合起来，大大提升了整体表现力，从而取得了令人震撼的意境效果。

（3）联觉性隐喻。联觉性隐喻是指人通过对植物景观的观赏，把一种印象转化为另一种印象的能力，也就是可以将植物景观表现的视觉感受转化为某一事物或人的联想圈。联觉性隐喻的植物造景手法在具有一定纪念性意义的植物景观中运用较多。例如，在中山陵的街道设计中，在雨道两侧规则式群植松柏，那一棵棵翠绿挺拔的松柏犹如一位位为革命而牺牲生命的革命志士，使人们倍感亲切和仰恭，一种敬意之情油然而生。

（4）模糊性隐喻。模糊性即不确定性，不是将要表达的意境托盘而出，而是需要人们用心体验植物的情感语言。模糊是根据设计师主观把握的情感对植物景观进行艺术和安排，当植物表达某种情感时属于模糊性隐喻的植物造景手法。在城市广场绿地中，我们需要对比强烈的大色块、大面积的植物景观，以渲染热烈欢快的气氛；在城市居住区绿地中，我们需要色彩淡雅、比例和谐的植物空间；在城市休闲绿地中，我们需要造型轻快、轻松活泼的植物景观。总之，不同的环境需要不同的模糊性隐喻手法营造的植物景观。在蒂尔堡 Interpolis 公司总部花园的设计中，设计师没有遵循固有的风格，而是从现代绘画中吸取了大量的设计语言，还从地球表层活动（如地震）中寻求设计灵感，页岩的平台仿佛是一次地质运动的结果，呈现出杂乱和参差不齐的景象，隐喻手法的运用表达着某种情感。

2. 隐喻设计手法的表现对象

（1）物质的隐喻表达。世界上存在各种各样的物质，每种物质都具有自己独特的形状，有些典型的形状常常可以被人们看作其物质本身的一个缩影，因此我们可以用植物构成的形式美表现不同的物质，根据场地环境的特殊性，通过植物的造型直观地表达出与环境协调的景观。通常情况下，可以利用生动且具有一定造型的植物雕塑或植物小品体现主题意境。例如，在以教育为主题的某中学入口绿地的设计中，就将黄杨修剪成各式各样的智慧"钥匙"，以此隐喻开启科学之门的"绿钥匙"，勉励学生努力学习，勇攀科学的高峰。

（2）科技的隐喻表达。随着时代的发展，科技的普及已成为现代城市进步的标志之一。电路芯片作为科技发展的产物，也通过抽象的手法被运用到植物景观设计中。例如，在嘉定市工业区的圆形科技广场中，由广玉兰、银杏、合欢、柳树所构成的树阵组合，其外在形式就如同电子芯片的印刷线路，充分体现了人对科技的渴望，表达了"科技创新"的意境主题。

计算机技术特点可以通过植物景观形式再现，这成功建立了两者之间的对等联系。例如，在王向荣与林箐的北京中关村软件园景观设计中，我们感受到的就是用自然植物表达数字时代的网络概念。

绿地中运动的各种线形分别代表不同的含义，其中有三条最为突出，即水线、晶体线和数据线。绿地中用规划的数据线诠释计算机程序的数据，折线和曲线共同组成的数据线以压花不锈钢板铺装体现其特点。各种线路相互交织在一起，形成简洁而内容丰富的线形体系，正如电子社会中的线路交织与谐调。绿地南部的螺旋山是全景的制高点，是高科技植物景观的体现，也是晶体线的终点。盘旋上升的道路与晶体线相交，线形交错相融，是时代科技中思维交叉的诠释。

（3）时间的隐喻表达。不同时期有着不同的审美标准和价值取向。我国早期的植物造景追求"庭院深深深几许"的意境效果，这是由当时人们推崇故步自封的生活方式造成的。而当今社会进入了一个高效率、高节奏、高标准的开放时代，人们崇尚自由、开放、高效的生活方式，所以现代城市公共绿地的植物景观大多以简洁的几何形式和明快的色块来进行设计，以体现时代特点。佐佐木设计的榉树广场是一个较好的例子，他利用抽象手法构成的植物景观体现了"现代与传统的对话"。

（二）立体主义艺术与现代园林设计

1925 年，在巴黎举办的工艺美术展为费拉兄弟和加布里埃尔·古埃瑞克安展示他们的新理念提供了一个平台。他们受毕加索和巴拉克的立体主义影响，在设计中运用了多面体的形式、角状的平面和雕塑元素，这种设计有着锐利的线形和清晰的结构，与植物展示的自由的形式有所区别，但迎合了建筑学中瑙勒斯园林的现代主义理论。保罗·费拉很像一个艺术家，他将园林设计与现代艺术结合起来，特别是与立体主义的结合。其中，最具代表性的是位于巴黎的瑙勒斯园林，有力度的几何形园坛使人们从临近饭店的每一层都能欣赏到它的美丽。同样，加布里埃尔·古埃瑞克安也参与了瑙勒斯园林的设计，他设计的焦点部分位于东部的一个角落，被看作早期现代主义的一个杰作，是一个立体主义的园林。他采用了强调别墅建筑对线的手法，用一种三角形的母体予以表达，这其中混合了彩色马赛克、白粉墙、镜面水体和多彩的郁金香，让它们像是飘浮在建筑化的平台上。

（三）超现实主义艺术与现代园林设计

诞生于 20 世纪 30 年代的超现实主义艺术有各种流畅的生物形态，可以被运用到设计中，包括园林设计。超现实主义艺术家让·阿普和米罗作品中大量的有机形体（如卵形、肾形、飞镖形、阿米巴曲线）给了当时的设计师新的灵感。肾形泳池一时成为美国"加州花园"的一个特征。在托马斯·丘奇和布雷·马克斯的园林设计平面图中，乔木、灌木都演变成扭动的阿米巴曲线。杰里科运用的潜意识手段也成为园林设计中一种常用的手法。超现实主义对潜意识的运用成为人们解放思想、自由创作的一个重要支撑点，给了许多设计师自由发挥的勇气。

现代艺术中的超现实主义流派运用潜意识进行艺术创作，以表达内心的真实感受，在设计领域积累了丰富的成果，现代建筑、现代园林中有许多设计师采取行动绘画的创作方式进行方案的构思，表现出了现代艺术具有的开拓性价值。

阿姆斯特丹卡拉斯科广场（图6-10）是由WEST8景观设计与城市规划事务所设计的，设计师以柏油路面、路面上白色的圆点阵列和草地为元素，在地面上设计了一个二维的超现实主义的画面。通过奇异的图案和声、光的结合使这个空间具有超现实主义的神秘气氛。

图6-10　阿姆斯特丹卡拉斯科广场

（四）大地艺术与现代园林设计

大地艺术有两个突出的特点：第一，主要表现在对自然因素的关注上，以自然因素为创作的首要选择方向，艺术品不再放置在景观环境中，大地本身已经成为艺术或艺术的组成部分；第二，大地艺术力图远离人类文明，改变过去艺术品被收藏的具有商业气息的方式，作品多选择在峡谷和沙漠，或形成一种只能在空中观看的人类染指自然的记录，人们主要是通过图片展览和录像的方式了解这种艺术的，表现出一种独特的批判现实的姿态。大地艺术贴近了景观，改变了人们的生态观念和自然观念，其触角深入到风景园林专业涉及的领域，对西方现代风景园林设计产生了重要的影响。

史密森的代表作品是"螺旋形防波堤",他的很多探索对后人均具有积极的意义。他着迷于将生态进程作为艺术创作的源泉,对"自然是美好的,人类的艺术应该以这样的认识来反映自然"的观点表示质疑,认为应该用动态的眼光看待自然和"如画似的景观"。在对待自然的观念上,他认为从辩证的角度来看,自然是与任何形态模型不相关的。史密森倡导用一种动态的眼光看待园林景观。

在美国,彼德·沃克和玛莎·施瓦茨代表了以概念为理念基础的设计流派。他们都深受 20 世纪"大地艺术"的影响。就这一点来说,他们的作品有很多共同之处。

凯瑟琳·古斯塔夫森用一种精神化的语境控制了作品中地形的形式和随地形而设计的雕塑元素。因此,很难区分其作品中艺术与设计的界限。同时,她有着时装设计的背景,这使她的地形塑造给人以流畅的感觉。在她位于法国特勒斯·拉·维勒迪约的私家园林中,她就用一种镀金的铝条带在林中环绕,条带像是飘浮在斑驳的树冠中,她强调了阳光的存在,营造了一种幽深的感觉。

在哈格里夫斯完成的加利福尼亚州纳帕山谷中匹普别墅的景观设计中,哈格里夫斯以 5 层的塔楼建筑为中心,呈同心圆形状种植了两种高矮和颜色不同的多年生乡土草种,圆圈逐渐展开呈蛇状,一直到入口的转角处。从空中看,两种加州的草形成了螺旋和蛇纹的地毯,随地形起伏,如同大地上的一幅抽象图画,让人回味无穷。他的设计也将布雷·马科斯应用不同高度和不同纹理的草坪的手法向前推进了一步。

这些从大地艺术中借鉴的语言符号被创造性地予以发挥,形成了一种诗意的、雕塑般的现代植物景观。哈格里夫斯对地形塑造的坡度、土壤类型、土层厚度、草坪种类选择、草坪修剪等技术都有自己独特的处理手法。

(五)大地艺术对园林设计的影响

大地艺术对树立人们的现代生态观念和自然观念具有积极的意义,史密森进行的理论和实践探索,尤其是许多涉及风景园林方面的内容,对风景园林师有很大的影响。在对待自然这个观念上,哈格里夫斯创造的大地、风和水相互交融的"环境剧场"运用了一种雕塑地形的手段,形成一种看起来并不是"自然"的"自然景观",这与史密森的"自然是与任何形态模型不相关的"的观念是完全吻合的。

大地艺术对工业废弃地的重视,影响了风景园林师对这个问题的认识和处理手法。史密森认为大地艺术最好的场所是那些被工业化和人类其他活动严重降质的场地，这些场地可以被艺术化地再利用，为风景园林师解决工业废弃地的处理问题提供了很好的思路。史密森之后的风景园林师正是怀着一种艺术创作的愉快感保留了那些废弃的厂房、机器，创作出具有时代特点的新园林景观。例如，美国西雅图气体工厂公园、德国鲁尔区国际建筑展埃姆舍公园中的一系列园林都保留了原有工厂的设备，并进行了再利用和艺术再创作。在对待工业废弃地这个问题上，哈格里夫斯做了很多探索，他以将后工业景观转变成优质景观而著称，前后完成了拜斯比公园、克里斯场公园、路易斯维尔水滨公园等多项包含工业废弃地改造内容的工程。在他的拜斯比公园设计中，在合理地处理了埋藏在地下的垃圾的同时，设计者和雕塑家合作创作了一种电线杆阵列的"大地艺术"景观，这些电线杆顶部是平齐的，与地形形成对比，隐喻了人工与自然的结合，从它的造型上我们可以看到德·马利亚"闪电的原野"的造型特点。

大地艺术对大地的塑造为丰富风景园林师的形式语言做出了贡献。史密森、莫里斯都有对地形进行再塑造的作品。大地能够成为艺术的材料，这无疑激发了面对同样对象的风景园林师的创作热情和创作灵感，尤其是大地艺术常用的几何地形塑造越来越多地出现在风景园林作品中。例如，林璎为密执安大学一个庭院设计的"波之场"中，植物只有一种草坪，形式只有一种波浪形的造型，作品简单而又生动，明显具有大地艺术的特点。地形塑造也常常是深受大地艺术影响的哈格里夫斯的造景手段之一，甚至是最重要的手段。例如，他在一个花园设计参赛作品中，运用一个旋转的丘状地形与题目"运动的地面"相呼应。在辛辛那提大学设计与艺术中心的庭院环境设计中，使用了十分有力度的丘陵状地形，达到了纵横交错、起伏变化、神秘而奇异的效果。肯特公园、赫伯特·贝耶尔在悉尼奥林匹克公园、德顿庭园、烛台角文化公园都使用了几何状塑造的地形，这些公园的设计都受到了大地艺术的影响

大地艺术与其他现代艺术一样，也在思想上潜移默化地影响着人们的社会意识、生态和自然观念，大地艺术的造型语言为现代园林设计提供了丰富的借鉴，在思想上和实践中都为风景园林设计提供了丰富的参考资源，对现代园林的发展具有重要的意义。

（六）极简主义艺术与现代园林设计

极简主义艺术对园林设计产生影响的例子很多，其中最有影响力的作品有施瓦茨面包圈花园、沃克的特纳喷泉和彼德·拉茨的杜伊斯堡公园金属广场等。总体来讲，极简主义艺术对风景园林专业的影响可以归纳为以下两个方面：

第一，从文化的角度来讲，作为现代艺术重要分支的极简主义艺术，继承并发展了设计中简约化的格调，直面现代社会生活，提示我们所处的世界的特色，有积极的意义。城市中大面积草坪的出现是对植物景观的单纯形式最直接的体验。尽管对大草坪的出现争论纷纷，抛开其外部因素不说，植物景观的纯净无疑给人们视觉上带来极大的震撼，也是对中国景观界以往固有的一些观念的冲击。施瓦茨在联邦法院大楼前广场的设计中体现了明显的极简主义艺术和大地艺术。沃克之所以在创作明尼阿波利斯市联邦法院大楼前广场时将极简主义艺术与风景园林设计结合在一起，不仅仅是因为极简主义的造型手法有能够被借鉴的地方，最重要的是极简主义艺术具有的文化内涵能够成为园林设计的一个新理念。

第二，无论在创作手法还是艺术形式上，现代园林都从极简主义艺术中汲取了很多营养，简约化历来是艺术创作努力追求的一个境界，只不过极简主义艺术在这个问题上走在最前沿，有着"大旗"的作用，给人们以启示和鼓励。极简主义艺术对现代工业材料的发掘和重视（如安德烈的铁板、枕木等）使这些物品也成为现代风景园林师大胆使用的材料，施瓦茨和沃克在他们的作品中将极简主义艺术常用的序列化的造型手法发挥得淋漓尽致，极简主义艺术追求的简约化、纯净感在哈格里夫斯、野口勇、林璎的园林作品里都有所体现，这些都明确地表明了极简主义艺术对风景园林设计产生的影响，而沃克提出的"极简主义园林"这个概念是极简主义艺术影响现代园林发展和现代园林设计的最有说服力的凭证。极简主义艺术常见的做法是用若干组植物组成图案，再将这些植物修成几何形状。黄杨和紫杉十分适合这种方式，它们用不同宽窄高低的复杂几何形状以及绿叶之间的交相辉映产生的微妙效果创造出引人注目的抽象作品。

对单纯形式的追求是时代审美的需求，更是人与生俱来的一种本能。完形心理学认为，人的视觉趋向于把物体看成一个简单的整体，并在组织视觉刺激时有简化对象的倾向，使之增加秩序感，易于理解。也就是说，当人们在凝视纯净的植物景观时，心理紧张度趋于零，心灵的幻想发挥却达到最大化，享受着放松心情的愉悦，这就是那些简洁朴素的形象更容易打动人的原因。当代的设计师深谙此中道理，他们懂得利用单纯的几何形式表达自己的设计理念。单纯的形式对于我们而言是鲜明的、实在的和毫不含糊的。

当今的另一个趋势是构图目标已经从追求局部的图案转变为整体的统一的平面构图，取代复杂的花纹图形的是方形、圆形、三角形之类的基本几何形式，它们被用来开发许多新的构成方式，以几何形式的简单重复或戏剧性地对比来表现植物景观，这是一种无穷无尽的构成方式。

（七）观念艺术与现代园林设计

观念艺术的定义是非常宽泛的，涵盖的范围也很广。它几乎同时在北美、欧洲和拉美出现，并迅速得到了艺术家的回应。同时，传统艺术家和公众逐渐接受并正式把照片、音乐、建筑图样式的草图、线描以及行为艺术视作同绘画和雕塑同等的艺术样式。在这一渐变过程中，观念艺术功不可没。

在现代艺术中，观念比作品优先。在观念艺术看来，现代艺术中真正显示问题的不是作品而是作品的观念。

两个现代艺术的重量级人物杜尚和鲍依斯都被认为是观念艺术家。杜尚被认为是观念艺术的先锋，他将日常现成物转换成艺术，形成了观念艺术的源头。而鲍依斯以一种"社会雕塑"的观念，创作了大量的装置、环境艺术、表演、行为偶发和雕塑作品。他提出"人类学"的艺术概念，概念的核心是消除所有的艺术限定。他认为艺术就是人，人就是艺术；艺术是生活，生活就是艺术；艺术是政治，政治就是艺术；艺术是一切，一切是艺术。他宣称："人人都是艺术家，一旦他们相应的自由创造活力被激发并彰显出来，他们固有的艺术癖好就会使无论何种媒介都转变为艺术作品。"在鲍依斯的眼里，艺术就是所有存在的东西、所有进行的活动，而不是被"创作"出来的，整个社会就是一个活的"社会雕塑"。

观念比作品优先是现代艺术发展中重要的一步。在观念艺术家看来，艺术品是观念艺术家的观念和思想的物化形态，作品本身的物化形态并不重要，重要的是被艺术形式淹没的思想或观念，这样艺术创作就摆脱了传统的材料和形式，使生活中的任何一个细节都有可能成为艺术创作的一个组成部分，从而实现艺术走向生活的目的。这种观念无论是否得到社会的认可，对园林艺术创作的积极意义都是显而易见的。探求园林景观的意义正是许多设计师孜孜以求的，园林中的任何一个设计创作都可以凝聚设计师的思想和观念，而被热爱艺术的读者解读。哈格里夫斯的奥林匹克广场设计，被称作"伟大的理念，平凡的实践"。正是设计师将现代艺术中富含观念的理念，在万众瞩目的世界竞技赛场上，通过一种平凡的设计语言予以实践，这充分证明了现代园林设计的价值和参考价值。

（八）波普艺术与现代园林设计

施瓦茨的设计在观念和手法上和波普艺术有着许多相似之处，尤其是廉价的日常现成品的使用代表了快速消费的临时性景观设计的实践等，与波普特点如出一辙。

　　面包圈花园和奈可园是施瓦茨作品中具有明显波普特点的代表。奈可园是为一所大学的节日所做的临时性景观，施瓦茨使用圈圈糖的造型作为园林景观的主角。而在面包圈花园中，施瓦茨选用了面包圈实体这一日常消费品作为园林景观的主角，从而创作出了一种独特的临时性新景观，作品虽然早已不复存在，但20年来，这个作品以照片等形式长期进入人们的视界，有着广泛的影响力。施瓦茨还尝试运用廉价材料在低收入社区进行景观建设，一方面是源于她对社会的关注；另一方面在于她推崇现代艺术家运用最少的材料和方式，产生最强烈的冲击，同时保持了理念的最大强度的能力。施瓦茨认为，在传统的园林中，人们对技术和材料过于重视，而缺少对作品概念方面的关注和兴趣。

　　20世纪90年代，土人设计事务所完成了中山岐江公园的设计，设计中鲜艳的、大众化的色彩与工厂废弃地的治理结合起来，而且设计中的波普化的特点被施瓦茨作为挑战传统的一个急先锋，在园林史上具有划时代的意义。和大地艺术、极简主义艺术密切相关的波普艺术同样引导着人们关注社会问题以及运用景观设计的手段解决社会问题，它对园林设计的积极意义是不容忽视的。

　　伦敦肯辛顿花园的蛇形画廊每年都会委托设计师建造临时展馆，何塞·塞尔加斯和卢西亚·卡诺是设计这个临时展馆的第一批西班牙设计师。2015年6月25日，第15届伦敦蛇形画廊正式开馆，西班牙设计师塞尔加斯和卢西亚共同创作的蛇形画廊是个"蝶蛹状"的结构，由五彩的透明塑料制成，如图6-11所示。这个展馆是一系列不同形状和规模空间的连接结构，由一个不透明双壳和透明的、不同颜色的氟塑料织物构成。塑料可以像彩色玻璃窗户那样过滤阳光，把五彩的光线投射到室内空间——一个中央聚集区和咖啡店。建筑师提供的夜晚画面展示了从里面照明的景象。塑料织物被放在嵌板上，而且条状材料编织包裹在部分结构上，就像带状织物一样。双壳建造了室内和展馆外层之间的一个走廊，而且游客能从边上的多个入口进入。

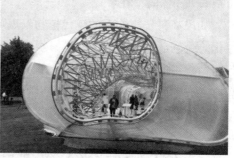

图6-11 蛇形画廊

第四节　现代高科技下植物景观设计

技术是景观的物质构成和精神构成得以实现的基础，是推动景观发展的动力，许多景观本身就是技术存在与发展的表现。与全球化时代技术发展相呼应的景观表现为创新特征，不仅体现在材料更新、结构先进、设施齐全上，还体现在有崭新的理论和观念基础上，充分展示了新技术提供的可能和蕴含的精神。然而，全球化不是同一化，它最大的意义在于通过科技使人与自然相互和解、相互融合，不是回到自然状态，而是一种在轻松合适的技术框架内的和谐共存，使人类共享科技的伟大成就，拥有积极的价值观，实现共同进步与发展。这是一个动态的、不断向前的过程。从社会的进步中可以看到，不可漠视的科学技术正在被应用于各行各业，悄悄地踏入了现代景观设计行业，也带动了植物景观设计领域的转变，造就了新的艺术表现形式，同时改变了人们的审美价值观。将高科技手段导入现代植物景观的设计手法已成为一个时代发展的趋势。

科学技术的进步，使现代园林及环境设计的设计要素在表现手法上更加宽广与自由，改变了人们传统的审美观念，向人们提供了前所未有的视觉感受。新材料的运用给我们带来的不仅是崭新的、动感的外观，还有很多实际效益，从功能、价格、可行性等方面可以为设计消除很多限制。人造材料易于维护，不用修剪，防虫防蛀，易于搬运和清洁，这些实用的优点使新材料的普及越来越广泛。

在现代植物景观设计中，我们常常感到传统的园林设计手法已被过度使用，其程式过于老套，植物景观的创新性无法在传统方式的植物配置中得以体现，进而走向科学和技术，以寻求新的灵感之源。因而，科技的发展为植物景观发展的可能性、合理性与创造性提供了基础。现代植物景观已经成为一个集艺术、科学与技术于一体的存在。

如果高科技影响下的现代植物景观可以提供给观者一个更符合其审美与更人性化的绿色空间，那么对现代植物景观的设计手法的研究则是一个很值得关注的问题。高科技的发展开辟了植物景观设计的新领域，突破了传统的空间向度和时间向度。现代植物景观不仅是应用、表达科学与技术，还在设计过程中将现代科学技术的本质融入设计构思之中。

一、技术观念在植物景观形态的艺术表达

传统园林是注重体现园林意境美的，似乎总是有意避开技术表现的倾向。而随着工业社会发展和人们审美价值的变化，技术审美成为时代的特点，在高技术改变人们生活的同时，植物景观的形象有了急剧的变化，植物景观创造的技术主义倾向日益突出。

将高技术观念作为植物景观的设计手法是对技术美的肯定，是一种对技术美学理想的表达。既然是美学就有其艺术性的一面，它取决于设计师对技术的理解和创作构思。"技术美"不是一般地将技术与美拼凑在一起的产物，而是特指它们所派生的视觉传达载体等技术对象中本来就存在的一种审美形态。它由人类生产劳动而产生，并为人们的生产和生活服务，因此技术美学特别强调审美的合目的性。

"技术美学"是以技术审美形态及审美规律作为主要研究对象的美学分支学科。随着生产和科学技术的发展，技术美学不断取得新的形式，"高技术美学"正是技术美学在当代的新的形式。与"高技术"概念相对应，"高技术美学"也是个动态的概念。它的本质仍然是技术美学，但是高技术美学更强调现时代技术手段的尖端性、领先性。

高技派设计师倾向把植物景观设计成果的表达看作一种工业产品，它的使用价值在于实用功能和审美功能的统一，产品美包含了技术美学范围所有的因素。技术美是与产品相互依附的，是合目的性的。这种"合目的性"就是功利审美的转化。在这里，审美外观并非以实用效果为依据，但以功利内容为背景。

实际上，高技术的构思在技术上并不总是最经济合理的，热衷高技术的设计师试图创造新的规律，而不是遵循现行规律，虽然他们的成就与技术工业化紧密联系在一起，但他们的创作思想还是会偏离工业化，技术运用在形式上的考虑远远大于对功能、合理性的关注。

（一）高技术观念对植物景观概念表达的拓展

这种技术的艺术性表现还来自新的设计理念突破以往的设计思想的局限，这种局限是由传统园林的空间感受和服务的对象带来的。中国传统园林作为那个时代的产物，主要讲究的是"情之移入，意之表达"，是满足少数人的需求的。而现代设计师强调技术表现是有着时代意义的，并且随着审美价值的多元化，技术表现既是设计手法又是目的。

高技术植物景观打破了以往单纯以美学角度追求植物造型表现的束缚，开始从科学技术的角度出发，通过"技术性思维"以及捕捉技术与植物景观造型的内在联系寻求技术与艺术的融合，使工业技术以造型艺术的形式表现出来。

科学研究认为，自然界的基因组成只有四种，却可以形成万物。因此，寻求简易的思维方式与表达方式是对科学理念本质的体现。许多设计者受到德勒兹学说与现象学的影响，在设计中强调形体的重复与差异，以此建立时间与空间的关系，使植物的形体与空间整体得到最佳的表达。在现代植物景观的整体设计中，以网格化的方式对场地进行划分，不断地重复植物元素，借以反映科学技术的运算过程，把不断重复的简单形体予以秩序化，展现了一种新的植物景观设计手法。

这种追求简单图案感的设计手法也是符合现代价值取向的。设计师认为这种形式的简洁纯净和简单重复，就是现实生活的内在韵律。植物的造型手法趋向简约化、规则化。树木大多按网格种植，整齐划一，灌木修剪成绿篱，花卉追求整体的色彩和质地效果。这种直截了当地表达事物的本质的设计手法，也恰恰符合了现代人的审美取向，同时保证了较高的质量和效率，反映了现代社会的快节奏。

同时，在许多植物景观设计中，设计师把高技术作为实现自己美学观点的有力武器。这一点我们在彼得·拉茨设计的杜伊斯堡风景公园、彼得·沃克以及之前谈到的许多新锐设计师的作品中都可以看到，高技术的表象反映出当代高科技文化背后所隐藏的深层时代意义。

（二）在植物景观中技术符号化的表现与应用

好的景观作品应该是技术与艺术的结合。一个在技术上完善的作品，有可能在艺术上的效果很差，但是无论古代还是现代，都没有一个在美学观点上公认的杰作而在技术上不是一个优秀的作品的。由此可见，良好的技术对于良好的景观来说，虽然不是充分条件，但是一个必要条件。

技术是人类文明的经验和实践经验的积累。现代建筑大师密斯·凡·德·罗说过："当技术实现了它的使命，就升华为艺术。"植物景观设计和建筑设计一样，都在从不同的侧面反映新的科学，因为科学在不断揭示自然更深层的形成规律和发现新的能源。例如，科技的不断发展揭示了生命及思维皆是由简单、易懂的部分构成，反映在植物景观设计中，则是把植物造型不断地剥离，只剩下最基本的元素，达到纯粹的抽象、原本的纯净。可以用植物景观的方式，以数字或符号的直接表达再现这些科学现象，诠释科技的发展。

查尔斯·詹克斯设计德苏格兰博德斯行政区的"再现宇宙景观"是以一种新的植物景观设计语言展现宇宙学和综合性科学的奥秘。查尔斯认为，"科学的发展是不可逆转的，是积累并渐进的，人类阐释宇宙的角色是值得每一流派的设计者追求的目标"。植物景观给人的感觉是生机勃勃的，超现实的美与一种无法逃避的逻辑感联系在一起。查尔斯尝试的设计方法是以一种令人信服的静态植物景观再现这一动态的科学化过程。他的创作灵感来自科学的新发现以及各种新语言，使一种新的建筑和风景理念成为一种发现或一种发明。

对于景观设计来说，既具有由服从客观要求的物理结构构成的技术层面的问题，又具有旨在产生某种主观性质的情感的美学意义——艺术层面的问题。这种两重性式的构成使景观设计处于一个非常特殊的领域，因为在其他艺术中制约艺术创作的技术手段不会如此有决定性的意义。

我们从高技术在植物景观应用的发展历程中可以看到：技术手段的应用是源于植物生长的要求，但是随着技术手段的日益完善，一些技术手段的应用最终演化为技术符号化的表现。这一产生、发展和凝练的过程贯穿于现代植物景观之中。

但是，随着科学技术的日益进步和植物景观形式的不断丰富，植物景观设计方法和植物景观艺术之间的关系也愈加密切和更加明确。我们赞赏的植物景观作品不只是因为其植物搭配合理、富有意境，更重要的是该作品是无情的技术与奔放的热情的紧密融合。

著名哲学家赫伯特·马尔库赛认为，技术将会成为艺术，而艺术也将会创造现实。想象和理性、高级功能和低级功能、诗意的思维和科学的思维之间的对立将会消失。出现了一种新的现实原则，在这种原则的指导下，一种新感受性和一种非升华的科学智能将在审美精神的创造中结合起来。

乔治·哈格里夫斯在题为"运动的土地"的花园设计中，表达了对运动的理解。这里所说的运动不是地质学意义上的运动，而是技术的处理，是通过人为因素使地面产生变化。设计的主体是一个螺旋状上升的草床和草丘，茂盛的草床呈波浪状，结合白色的多年生植物，创造了一种有秩序的种植形状。

虽然技术的发展日新月异，但是高技术的运用必定是为了达到高技艺的目的。未来的设计师将会发现自己面临日趋复杂的技术问题和更加宽广的技术与艺术结合的可能性。除了解决这些问题外，他还必须保持和发展自己的美学意识，这样才能在技术、艺术和经济的综合任务之中找出它们之间的关系、它们的细节、色彩上的重点，把一个技术上正确的工程变成一件艺术上的作品。

二、技术手段在植物景观形态中的艺术创造

植物景观是技术和艺术的综合体，好的技术对于好的植物景观来说，虽然不是充分条件，但是必要条件。

科技的发展在植物景观中扮演着催化的角色，由于植物景观自身复杂的生长周期及丰富多样的物种，在设计手法上是需要更多"技术的关爱"的，而其本身所承载的更多的地域文化内涵又使其形式充满着有别于其他景观类型的特有的"艺术性"，因此在技术中弥漫的艺术性也就成为当代植物景观独有的特点，并形成一种全新的植物景观设计理念。

新的技术手段不仅反映在景观中组成空间的材料、制作和工艺的高技术上，还包括设计方法的高科技，如采用计算机辅助设计，在电脑中模拟环境，借助飞机、卫星遥感预测景观，等等。

（一）以高科技的技术手段实现现代植物景观

科学技术的进步使现代景观环境设计的设计要素在表现手法上更加宽广与自由。

科技的发展与思维方式的关系非常密切，并深深影响着设计的条件与方法。因此，植物景观设计必须在技术进步的过程中实现对技术的艺术性的整体理解，并且强调技术对启发设计构思创意的重要作用，将技术升华为艺术，并使之成为一种富于时代感的植物景观表现手法。

高技术在植物景观中的应用往往不只是其造型设计，更是一种新的思维方式的转变。现代科技的发展不仅可以帮助设计者如何想设计，还可以帮助设计者如何做设计，这两点都影响着空间概念与设计手法的发展。尤其在高密度的都市中建造植物景观，既是城市必不可少的呼吸空间，又是高科技在现代植物景观中的有效运用。其中，最显著的是屋顶花园，其包含了大量科技的应用，这个生长在都市中心的榉树树林，为长期工作在城市中的人们提供了一处亲近自然的场所。

尼亚加拉瀑布冬园是为了保证旅游淡季也能吸引更多的游客而兴建的温室。温室内部被一条砖石通道分成南北两部分，通道两侧设有座椅，人们可以坐在长椅上观赏和休息。座椅紧挨着的绿色植物墙在空间上起到了软性隔离的作用。温

室内的西北角是一个"旱园"，砂土覆盖的地面使人联想到沙漠景观，植物大都选用热带的泽米属、仙人掌属和石莲花属植物。景观园内东南角是岩石园，水从岩石堆上涓涓落入水池，沿岸多植有枝干矮小的高山植被。园内的其他部分是亚热带和热带植物的展示。

新技术尽管致力理性的思维，但更重要的是试图唤起人类的情感和欲望，其负载着更多的精神因素，而且新技术的表现手法常带有明显的感官刺激。技术在更高的层次上与情感的抒发融为一体，并从技术审美的角度影响植物景观设计。当然，植物景观的生态价值依然举足轻重，但人们似乎越来越注重植物景观的外在和细部，而且这些因素常表现为植物景观自发的产物。

（二）利用现代技术材料创建新型植物景观

高技术，一般指那些仍未普及但有应用价值的、时代尖端的科学和技术手段。高技术这个概念具有相对性。从横向比较，在同时代中，相对于大多数技术而言处于领先位置的技术叫高技术；从纵向比较，无论今天的技术多么先进，始终会成为过去，而又有更新更先进的技术取而代之。换句话说，昨天的高技术也许就是今天的普通技术，甚至是低技术。

广义地说，环境、生态、信息技术在当代植物景观设计中的研究和应用都属于高技术的范畴，但真正具有普遍意义的高技术是指那些在设计、实施方面已经成熟和得到广泛应用的新的技术手段。这些技术的应用产生了新的空间形式、新的施工构造和养护技术方法。

在现代景观设计中，最引人注目并且容易理解的就是以现代面貌出现的设计要素。现代社会给予设计师的材料与技术手段比以往任何时期都要多，现代设计师可以较自由地应用光影、色彩、声音、质感等形式要素与地形、水体、植物、建筑、构筑物等形体要素创造园林与环境，达到传统材料无法实现的效果。用现代技术材料代替植物景观元素建构植物景观，或是将高技术材料应用到植物景观设计中，其设计语言是具有通感的，它们共筑了现代植物景观。这在一些具有创新和前卫精神的设计师身上表现突出。

使用新材料是新技术的重要因素之一。而随着技术的不断进步和发展，材料也在发生着重大的变化。现代社会给予设计师的材料与技术手段比以往任何时期都要多，通过选择新颖的材料，可以较自由地应用各种设计园林要素，达到传统材料无法实现的效果。

科技的发展带来新材料的应用，新材料和新技术带给我们的不仅是崭新的、动感的视觉形象和审美体验，还能带来实际的利益。从功能、价格、新的设计可能性等方面为设计消除了越来越多的限制。用多彩人造草坪取代真实的草坪，用塑料制品代替活的植物，不但能创造动人的植物景观效果，而且一些轻质材料和产品方便搬移、易于清洗，非常适合临时的和经常需要变化的景观。新材料和新技术的许多审美上的和实际上的优点使之成为现代景观的重要组成部分。

合成纤维、橡胶等软质材料构成的软质景观形态流畅柔和，富于有机物的生命感和动态感，而且便于携带和移动。例如，玻璃纤维这种材料价格合适、柔韧性好、坚硬且抗风雨，因此被越来越多地用于庭园景观设计中，以实现高难度的建筑景观造型。20世纪80年代出现的光纤也开始应用于庭园照明之中，成为一种新型的照明材料。这些新材料不仅改变了景观的外观，还打碎了古典的美学和伦理学框架。例如，塑料圆柱庭院就是一个典型的例子，这是在法国1999年国际庭院节上展示的主要作品，在这里它用新型的塑料圆柱取代了传统的喷泉，既有现代艺术的特征，又具有灌溉庭院的实用意义。

新生代的庭院设计师正在对传统的庭院概念提出挑战，也正在对如何建造庭院提出质疑。他们使用塑料、金属、玻璃、合成纤维等材料，采用现代技术，如再循环技术等，在材料和方法应用上也摒弃了以往庭院设计的常规。在此类庭院与景观中，有些只是即时性的，有些则纯粹是试验性的，但它们都有一个共同的特点，即采用了一种令人激动的、充满活力的新方法，为传统的庭院设计观念增添了新的选择。

现代景观设计充分认可现代生活方式，热衷于使用新材料、新技术表达其独特的理念，体现场所的本质，而不是简单地模仿自然。前卫设计师玛莎·舒沃茨设计的拼合园就是完全用的人工材料，他将两种截然不同的园林原型通过重组拼合出一个新型园林。

在数字信息时代，看似简单实则蕴含着高科技智慧的数据线架构出当今电子世界的脉络。这些新材料不但没有破坏景观，而且是植物的一个有机补充，用高新技术材料代替砖、石、木材，这给景观带来一种视觉动感，如镜子般的表面能给色彩和图案增添一种特殊的效果。传统材料代表的是朴实的乡村审美观，而这所庭院里使用的新材料反映的是现代技术的世界。因此，用高科技建构植物景观，成为一种处理植物景观设计手法的方式。

（三）计算机技术代替绘图

经过20世纪70年代的信息技术革命后，新技术、新媒介在风景园林领域中的运用越来越广泛。以CAD系统、地理信息系统以及所有其他科技工具为代表的新科技和新媒介对这个时代美国风景园林业的成熟和发展发挥了巨大的作用。

回顾20世纪70年代，风景园林设计师发现设计过程可以像生产的产品一样进行精确的策划。当时，计算机在人们看来还是新兴事物。1972 年，EDAW 联合事务所为一家加利福尼亚的公益公司做的输电线路定位研究获得了优秀奖，评委认为"他们用计算机对整个过程进行简便而精确的分析成为可能，这比我们以前在这个领域所见的都更科学有效"。1978 年，ASLA 第一次颁发"研究和分析"奖项时，很多获奖项目中的风景园林师都已在运用计算机进行环境分析。那时支持研究和分析项目的客户多为联邦政府机构。1984 年，评委卡尔·约翰逊评论规划和分析奖项时指出，"现在对研究和分析的关注状况与十年前对艺术的关注状况差不多。在这些奖项候选者中几乎没有体现高科技的。我们有使用计算机的能力，但应用仍然很少"。在最近的这 20 年中，各行各业对尖端科技的应用得到快速发展。这样，"计算机只是变成一个工具罢了"。到了 20 世纪 80 年代后期，风景园林师的经济承受能力大大提高，他们也具备使用更复杂、科技含量更高的设备的能力。计算机已经成为普通的工具，它不仅应用到规划、分析和研究中，还广泛应用到风景园林设计、信息系统、办公管理和金融策划等各个领域中。

很多人认为以计算机为代表的科技和媒介不仅是一个工具，还是发明的长河中最新的一颗星，潜移默化地影响着使用者的思维过程。一些人为这种感受、交流并产生影响的新方式的前景感到欣欣鼓舞；另一些人则感到恐惧，因为他们即将失去原有的思维、感受、认识和交流的方式。在这些观点中，我们可以体会到现代科技的长期影响——既有对环境破坏的负面影响，又有对个人思想解放的积极促进。

随着计算机信息网络逐渐为大众熟悉，"阅读和写作的技巧会变得不再那么重要"，灵敏的媒体视听、技术技巧则显得更为重要。在高科技的成果得以实现后，相互交流、"富有想象力的思维"、理解更大范围内的各种关系等这些全方位人才所具备的能力会变得比技术专家的能力更有价值。

一系列计算方法的建立，结束了以经验和直观为决断基础的经验主义时代，把设计和实现这些设计的技术手段的可能性扩大到先前无法想象的范围。现代景观设计是要创造三维空间的环境体验，制作出仿真的景观图，作为与城市公共空间的规划设计有关的决定和手段。

语言是风景园林设计师一直非常擅长的一种能力。这些风景园林师中有许多人的文笔非常流畅，他们用生动准确的语言赋予景观以丰富的含义。风景园林设计师如果没有熟练的阅读、写作、谈话及绘画技巧，他们将会变成技术和设备的简单操纵者，或者被操纵。这些能力的具备会使他们能够分析、表达环境之中急切需要的景象。

（四）建造技术

现代建造技术的快速发展使许多景观建筑和景观小品越来越呈现出高科技的特点，精细的节点构造和细部，先进的施工技术，都将会给设计师的表现力带来更多的自由与便捷。受建筑设计理论的影响，很多景观设计作品也表现出高技派的特点，景观建筑、小品越来越多地呈现出工业设计的表现手法。

（五）植物栽培技术

植物景观技术性审美是从技术方面予以评价和理解，而不是立足于美学的或形式主义的观点。先进的植物栽培技术同样会给景观设计师带来新的灵感和创造能力。目前的植物栽培技术除了使栽培植物的品种和种类丰富外，还强调从生态的角度出发，采用群落栽培的概念，将多种植物作为一个整体考虑，发挥群体的集合效益，利用不同植物之间的相互影响，产生更强的抵抗力、更高的生产力和更好的经济效益。

1994年West8被委托策划的一个机场绿化方案中，他们和当地的林业机构合作进行了生态方面的研究，确定桦树最适合在这里生长。于是West8决定在每个植树季节里都在这里种植125 000株桦树。哪里有空间，就在哪里种，植物逐渐成了森林，占据了所有的空地和废弃地，延伸了大约20平方千米。在树下面还种了红花草，红花草可以固氮，作为有机肥料供给树的生长需要，还安装了一些蜂箱，蜜蜂能够传播红花草的种子。这个项目体现的是一种设计观念：景观不是短期建设就能完成的，应该运用生态的技术，将景观的营造视为一个长期的过程。无土栽培技术让植物的栽植与培育不受场地的限制，有的设计师利用这一技术制作了"移动庭院"。这个可移动的蔬菜花园采取的是一种盆栽思想，而且应用了园艺技术。可移动庭院中主要是可食用的作物，许多蔬菜既可作为装饰品，又可供给食物，经济实惠，并且易于维护，其中一些药用植物还可散发迷人的香味。整个庭园采用的是地上栽培技术，植物支撑架、喷雾器、循环水和防御恶劣天气的屏障都是专门设计的，还有固定的供水系统。水储存在中央地板下的油布中，必要时和养料一起供给，先将水抽上来，然后回灌到循环系统中。由于采用了无土栽培的新技术，只要空间允许，庭院就可以随时组建起来。由于作物生长在离地面很高的空中，可以使植物免受地面害虫的危害，也不存在土壤疾病的问题。

（六）土壤改良技术

与建筑设计一样，植物景观设计也是在不断解决技术问题中逐渐发展的。
在许多工业弃置地的景观设计中，土壤改良技术成为改善环境质量、完成设计师想法的关键。1970年，景观设计师哈克受委托在美国西雅图煤气厂的旧址上建设新的公园。最好的做法是将原有的工厂设备全部拆除，把受污染的泥土挖去并运来干净的土壤，种上树林、草地，建成如画的自然式公园，但这样会花费巨额的费用。哈克决定尊重基地现有的东西，从已有的建设基础出发设计公园，而不是把现有的东西彻底抹去。工业设备经过有选择的删减，剩下的成为巨大的雕塑和工业考古的遗迹，一些机器被刷上了红、黄、蓝、紫等鲜艳的颜色，有的覆盖在简单的坡屋顶之下，成为游戏室内的器械。这些工业设施和厂房被改建成餐饮、休息、儿童游戏等公园设施，原先被大多数人认为是丑陋的工业废弃地保持了其历史、美学和实用价值。工业废弃物的再利用能有效地减少建造成本，实现了资源的再利用。

对被污染的土壤进行处理是整个设计的关键所在，表层污染严重的土壤虽被清除，但深层的石油精和二甲苯的污染很难除去。哈克建议通过分析土壤中的污染物引进能消化石油的酵素和其他有机物质，通过生物和化学的作用逐渐清除污染。于是土壤中添加了下水道中沉淀的淤泥、草坪修剪下来的草末和其他可以做肥料的废物，它们最重要的作用是促进泥土里的细菌消化半个多世纪以来积累的化学污染物。

工业污染物进入土壤系统后常因土壤的自净作用使污染物在数量和形态上发生变化，使毒性降低甚至消除，但是相当一部分种类的污染物，如重金属、固体废弃物等毒害很难被土壤自净能力消除，因而在土壤中不断地被积累，最后造成土壤污染。目前，治理土壤里金属污染的途径主要有两种：一种途径是改变重金属在土壤中的存在形态，使其固定下来，以此降低它在环境中的迁移性和生物可利用性；另一种是将土壤中的重金属通过各种方式去除。具体的土壤改造方式包括：①微生物法，利用细菌产生的一些酶类可以将某些重金属还原，利用苗肥或微生物活化药剂可以改善土壤和作物的生长营养条件，它能迅速熟化土壤、固定空气中的氮素、参与养分的转化、促进作物对养分的吸收、分泌激素刺激作物根系发育、抑制有害微生物的活动等；②植物法，利用仍能正常生长的植物去除重金属，利用绿肥改良复垦土壤，增加土壤有机质和氮、磷、钾等多种营养成分；③施肥法，通过使用腐殖酸类肥料和其他有机肥料增加土壤中腐殖质的含量，使土壤对重金属的吸持能力增加，改良土壤结构和理化性状，提高土壤肥力；④添加剂法，土壤中加入适当的黏合剂、土壤改良剂，能在一定程度上消除一定量的重金属；⑤排土方法，在重金属污染严重的地方可采用剥去表层污染土，利用下层未污染土用于作物种植，在污染较重的区域还可采用移入客土，即采用使农地生态功能恢复的客土法。

三、新科技的广泛运用及引发的讨论

新技术尽管致力理性的思维，但更重要的是试图唤起人类的情感和欲望，而且在这个过程中，新技术的表现手法常带有明显的感观刺激。技术在更高的层次上与情感的抒发融为一体，并从技术审美的角度影响植物景观设计。当然，植物景观的生态价值依然举足轻重，但人们似乎越来越注重植物景观的外在和细部，而且这些因素常表现为植物景观自发的产物。

科技的运用既体现在现代植物景观的表达方式上，又将现代科学技术的本质融入植物景观设计构思之中。当然，将科技的理念作为设计手法只是现代植物景观手法的一种。当新的设计理念兴起时，就很难说这种设计手法是否会过时，甚至被摒弃，又或是在世界闻名的植物景观中占有一席之地。但不断发展的科技可以促成植物景观设计手法的多元性，并与设计思考产生更好的互动性。设计者应探讨如何透过科技进行新的设计手法的尝试，思索设计创意如何产生，使当今世界的景观行业呈现丰富多彩的面貌，这也预示着新的主流思想正在酝酿之中。

现代技术的飞速发展给设计师带来了更大的发挥空间和更有力的工具。

中国学术从发轫时，讲的就是"求善之学"完全不同，一切都从"应然"出发，而又归结于"应然"。这一点与西方学术的"求真之学"，西方学术一切都从"实然"出发，又验证于"实然"。西方学术的原动力是"求知的好奇心"，是无止境的为"求知"而前进。这一点是中国学术最为缺乏的，而这正是科学理性精神的思想基础。现代科学技术在两个方面影响了现代景观：材料和技术的不断开发，人类精神视野和思想方法的不断拓展。只有将这两方面结合起来，技术的价值才是完整的。技术的力量应该是在与之相适应的科学的理性的精神指导下发挥的。只有确立了科学理性的精神，才能正确地对待现代技术给我们提供的无数种可能性，找出当代高技术在现代景观中的正确的表现方式，促进技术与艺术的共同发展。

现代景观是多学科交叉结合的一个学科，设计师想要景观作品呈现出多元化的元素，并充满活力，就要拥有多学科的知识储备和开放的求知精神。国外的许多景观设计师，如拉茨、哈格里夫等人都具备多学科的学习背景，他们熟悉并不断关注自然科学中所成就的各种高新的技术手段。正是这种求知的开放精神和丰富的知识储备使他们在景观设计中运用新技术时可以得心应手。而我国从教育体制到职业训练都缺乏对技术的重视，这也是造成我国高技术运用相对落后的重要原因。

中国景观设计中高技术运用与表现的落后，是技术上的不足，也是概念上的

不足。除了与当今生态技术运动紧紧相随以外，中国的景观设计较为朴实。少一点技术的情绪性，多一点技术的理性，反对技术至上和玩弄技术形式的做法，还是比较适合我国国情的。我们在学习西方的新技术景观设计的时候，也要关注其背后的科学思想、科学方法、科学精神对设计思想的启蒙作用。只有这样，才能摆脱高技术运用形式化的束缚，才能以求真的艺术追求科学理性，走出中国高技术景观自己的道路，走出中国景现自己充满活力的多元化、科学化之路。

芝加哥卢普区的千禧公园的皇冠喷泉由加泰罗尼亚艺术家约姆·普朗萨设计，于2004年7月启用。皇冠喷泉既是一个公共艺术品，又是一个互动作品，已经成为公园的一大亮点。皇冠喷泉是一个高15.2米的立方体，造价约为1 700万美元，由黑花岗岩制成的倒影池构成，两侧是用玻璃砖建造的塔楼。皇冠喷泉是一个靠灯光和图像进行变化的现代艺术，每隔一定时间会变换不同的人物笑脸，象征着芝加哥市民笑迎四面八方的游客。设计师将1 000多位芝加哥市民的脸利用现代技术投射在15.2米高的LED屏幕上，营造出喷泉从他们口中喷出的幻象，令人惊叹，如图6-12所示。

图6-12　皇冠喷泉景观

第五节　现代植物景观生态设计发展趋势

环境恶化与资源短缺的严峻现实，使植物景观设计与生态科学变得密不可分。生态设计已成为现代景观发展的必然趋势，生态与可持续性原则逐渐成为景观设计必须遵循的准则。同时，生态设计使现代景观突破以往形式美学的束缚，而增加一些科学性元素。国家奥林匹克森林公园基本风貌是人工模拟的森林景观，使人与自然协调共生是该公园设计的终极目标。

国内的许多学者认为中国的园林属于自然式园林，所以在进行植物景观设计能够比较自觉地运用生态学的原理。

但是这里要提出的质疑是这种对自然中生态群落的模仿的应用范围应该有多广，是不是适合多种绿地类型，还是仅适用于风景区或者公园。全国的植物群落类型确实十分丰富，但是在城市里面可以用于造景的群落类型有多少，在这些原则的指引下有没有可能造成设计师对生态学原理的曲解和误用？

"自然不属于人类，但人类属于自然。"自然是人类生存和发展的源泉，在社会发展中由于人类对自然的认识不足，对自然生态环境造成了巨大破坏。在现代植物景观建设中要正确处理人工与自然要素之间的关系，进行有效合理的土地利用规划，保护自然生态环境。

城市的发展必然会对自然生态环境造成或多或少的破坏，如何保护和改善城市用地的自然生态环境成为设计成败的关键。居住区环境是城市人工复合生态系统的一部分，在居住区环境景观构建中要基于人与自然的关系，贯彻生态原则，按照生态美学要求对居住环境中各景观元素进行空间、体形、环境等方面的设计，为居民营造一个生态、自然、有机生长的居住环境，同时满足居民渴望回归自然的精神需求。

一、生态伦理与植物观赏

在探讨植物观赏中的生态伦理观点和普遍意义之前，先来回顾一下国内对观赏植物的基于传统的认知和设计理念，传统理念中对植物观赏特性的关注带有一些明显的倾向性并沿承下来继续影响着今天的设计工作。这些倾向性的一个典型例子就是对色彩、花型、花量、气味、花期、花格等方面的考察中，浸润了深厚的民族文化主流意识，影响了国内数十年的园林建设，也影响了苗木花卉的生产。

生态伦理学认为，所有的物种都有其特殊的存在意义。所谓植物观赏的普遍意义，是指人们应该尽量不带个人偏见地去观察植物，发现每一种植物特有的美，而不应该掺杂个人的好恶以及一些与植物的观赏特性无关的因素。

人们目前关注的植物观赏价值更多是来自前人和社会已经达成的经验共识，而事实上对植物的观赏应当是过程的、交流的、自经验的。每个人作为独立意识的个体都有自己对价值的把握和认定。自然哲学观承认普遍植物的价值，应当说造物主给予人们的一切都是美的。

全球性的环境恶化与资源短缺使人类认识到对大自然掠夺式的开发与滥用造成的后果。应运而生的生态与可持续发展思想给社会、经济及文化带来了新的发展思路，越来越多的环境规划设计行业正不断地吸纳环境生态观念。以土地规划、设计与管理为目的的园林行业在这一方面并不比其他环境设计行业落后。1969年，美国宾夕法尼亚大学园林学教授麦克·哈格写出了一本引起整个环境设计界瞩目的经典之作《设计结合自然》，提出了综合性生态规划思想。书中提出了科学量化的生态学工作方法，他将注意力集中在大尺度的景观规划上，把整个景观作为一个生态系统，在这个系统中，地理学、地形学、地下水层、土地利用、气候、植物、野生动物都是重要的因素。他运用了地图叠加的技术，把对各个要素的单独分析综合成整个景观规划的依据。这种将多学科知识应用于解决规划实践问题的生态决定论方法对西方园林产生了深远的影响。例如，保护表土层、不在容易造成土壤侵蚀的陡坡地段建设、保护有生态意义的低湿地与水系、按当地群落进行种植设计、多用乡土树种等一些基本的生态观点与知识现已广为普通设计师理解、掌握并运用。

受麦克·哈格的生态主义思想的影响，西方出现了一些后工业景观的设计，这些对废弃地的更新和对废弃材料的再利用的设计被越来越多的人接受，这类设计以生态主义原则为指导，不仅在环境上产生了积极的效益，还对城市的生活起到了重要的作用。

二、生态技术的应用

设计界还有一小部分设计师在生态与植物景观设计结合方面做了更深入的工作，他们可以称得上是真正的生态设计者。他们在设计过程中会运用各类生态技术达到解决环境问题的目的。不仅仅是在设计过程中应用一些零星的生态知识或只有生态意义的工程技术措施，而是在整个设计过程中贯彻一种生态与可持续园林的设计思想。这种设计既不是那种对场地产生最小影响与损坏的所谓"好设计"，又不是简单的自然或绿化种植，而是采用恢复场地自然性的一种整体主义方法。

加州工业大学再生生态研究中心、安乔波冈事务所和琼斯事务所是其中具有代表性的设计团体。例如，加州工业入学教授莱尔于1985年发表了《人类生态系统设计》一书，阐明了能量的可持续利用和物质循环设计思想。他还组建了再生研究中心，并且主持了该中心的生态村落的规划设计工程。该生态村的建设完全按照自给自足、能量与物质循环使用的基本原则，充分利用太阳能与废弃的土地、废物回收及再利用等，希望创造一种低能耗、无污染、不会削弱自然过程完整性的生活空间。

佐佐木事务所在查尔斯顿水滨公园设计过程中，保留并扩大了公园沿河一侧的河漫滩用地以保护具有生态意义的沼泽地。

彼得拉茨设计的杜伊斯堡风景公园着重遵循和利用了生态原则，将原工厂中的废物加工后用作植物生长基质或建筑材料，并将排入河道的地表污水就地净化。

在公园建设初期主要是铲除严重污染的土表和去除严重损坏的管道与制气设备，表土铲除后，从附近调进无污染的土壤。哈格建议利用土壤中的矿物质和细菌，种植吸收油污的酶和其他有机物来处理，同时辅以污泥高强度剪草等手段。这些工程技术为设计的成功奠定了基础。

四川省成都市的府南河活水公园是我国第一座以水为主题的城市生态景观公园。府南河与成都人民的生活息息相关。然而，随着人口的增长，城市经济的发展，府南河的严重污染问题日益受到人们的关注。

活水公园的创意者，美国"水的保护者"组织的创始人贝西·达蒙女士，同其他设计者一起，吸收了中国传统的美学思想，取鱼水难分的象征意义，将鱼型剖面图融入公园的总体造型中，喻示人类、水与自然的依存关系。鱼鳞状的人造湿地系统，是一组水生植物塘净化工艺设计，错落有致地种植了芦苇、凤眼莲、水烛、浮萍等水生植物，对吸收、过滤或降解水中的污染物有重要作用。经过湿地植物初步净化的河水，接着流向由多个鱼塘和一段竹林小溪组成的"鱼腹"，在那里通过鱼类的取食（浮游动植物），沙子和砾石的过滤（鱼类的排泄物），最后流向公园末端的鱼尾区。至此，原来被上游和城市生活污水污染的河水，经过多种净化过程，重新流入府河，对人们的环境生态观念的影响是深远而成功的。

活水公园充分运用了现代水处理技术、生态技术和种植技术，在景观的处理、造园材料的选择上，也充分体现了地方性景观特色。通过川西自然植物群落的模拟重建以及地方特色的园林景观建筑设计，组成全园整体，对环境的主题进行了多方位的诠释，这可以说是城市湿地景观生态设计的一个完整而又生动的例子。

瓜达鲁普河公园是一条长约 4.8 千米，蜿蜒于圣合塞市中心区域的滨河绿带。这项工程不仅解决了洪水对河岸的侵蚀，还能够为当地居民提供亲近自然的场所。哈格里夫斯用设计证明了洪水控制与城市绿地及植物景观能够很好地结合在一起。设计中应用计算机模型分析了洪水的潜在威胁。在下河的河岸上，哈格里夫斯创造了波浪起伏的地形，塑造了具有西部河流特征的编织状地貌。各块小地形的尖端部分指向上游，以符合水力学原理，在洪水到来时，它们可以减缓河水的流速，而当洪水退去时，这些地形能够组织排水。

三、走向有机化

不同地域的自然植被与地域文化相互依存，展现出各自缤纷的植物景观特色。然而，经典的地域植物景观在深层中都蕴含着相同的共性。有机植物景观的提出就是设计师试图发掘不同地方的植物景观的共性，进而探讨植物景观的形态与生态的完美结合。

"有机"在建筑中的应用，较著名的是现代主义建筑大师赖特提出的"有机建筑"。他在自己的著作中概述了"有机建筑"的主要特征，即通过建筑平面的组合及强调建筑形体沿地面水平伸展达到建筑物与场地的紧密联结，摆脱立方体建筑结构的约束，强调空间的自由流动。

在中国古典园林设计中提出了"师法自然"的理念，认为植物景观设计应该借鉴自然中的植物群落结构，不应该不顾植物的生长习性要求。在绿化设计时应该将乔木、灌木、草类结合起来，组成复合结构。而植物景观设计走向有机化将会使我们对自然环境的态度发生根本转变。它代表了一种新的认识：我们不能继续以傲慢的态度对待自然，而是需要珍惜、保护和利用丰富的植物资源。现代景观的植物要素都将在这里出现，但却以一种非传统的方式加以应用，以一种有机方式经营现代景观植物，使其自身形成良性的持续发展。各种植被构成的植物景观的各个部分相互关联协调，具有整体性，植被的每个部分及其整体都表现出可生长性，呼应地方气候和文化，并表达出现代景观的意义。

在英国的维多利亚和爱德华时期，人们对种植花草的兴趣高涨，那是一个属于"植物猎人"的时代，代表人物包括雷金纳德·法勒和欧内斯特·威尔逊。许多作为装饰性的植物从原产地引入，成为时尚园林景色中的一部分，虽然这一举措在当时破坏了某一地区的生态平衡，但现在已经根深蒂固了。除选用的植物材料的多样性之外，维多利亚时期的园林还出现了将草本花境和混合花境组织在一起以增强秩序感的设计方法。

1995年，鲍尔创造了海尔布隆砖瓦厂公园的景观设计。这是在砖瓦厂停产7年之后才开始的创作，后来基地生态状况大为好转，一些昆虫和鸟类返回到这里栖息，有些还是稀有的、濒临灭绝的生物物种。这也证明，在被人类影响的地区，通过自然保护，地区的生态价值可以得到恢复。鲍尔就是从对基地特征的分析中找到设计理念的，他的目标是通过对地形地貌的最小干预，使基地上的植被和特点都保留下来，并且有一些地貌要通过设计手段进一步得到强化，进而建造一个有机的植物景观，形成休闲、物种多样性与生态平衡的统一。原有砖瓦厂地貌并没有改变，公园中心12 000平方米的湖面是最吸引人的地方，湖岸边种植了大量湿生和水生植物，充满自然野趣。与其他植物，如野草、杨树等一起共同形成了一个有机的生态综合体。哈格里夫斯在烛台角文化公园里运用乡土的、耐旱的植物品种，同时他希望自生的灌木和乔木能够在避风的坑地中生长。

四、农田融入现代植物景观

生态主义在植物景观中还有一些视觉化的表现，如在西方城市的现代建筑环境中，种植一些美丽而未经人工改造的当地野生植物，与人工构筑物形成对比。

景观融合于广大的农用地中，是一种生态主义视觉化的表现，表达了广义的植物景观的概念。城市植物景观设计中需要从生态战略高度出发，通过生态战略点、特色农业生态系统和城郊防护林带中的农用地等，使农田漫布于城市用地中，创造一个清洁高效的城市，促进城市的可持续发展。这种设计方法不仅满足了人们对乡土景观的视觉和精神上的需求，还具有实际的生态价值，它能够为当地的野生动植物提供一个自然的、不受人干扰的栖息地。

城市中的植被可分为自然植被、半自然植被和人工植被。在快速城市化的过程中，这些植被正在遭受毁灭性的破坏。在保护这些自然植被和半自然植被的同时，更重要的是必须扩大城市中的人工植被。时下大规模的人工草地、人工林、人工灌丛等植被需要人工作物的补充。城市中的农田是镶嵌在城市基质中的残余斑块或是干扰斑块，这些斑块通过绿色廊道与城市的绿色环境发生联系，并同广大的郊野农田相连，这样可以合理有效地利用广大农村的绿色基质扩展整个城市的植被面积，进而维持城市绿色景观的稳定和促进其发展，提高城市的综合生态效益。而城市中的农田则可处理部分城市污染物，具有环保功能。

另外，农田也被发展成为大尺度的乡村植物景观。荷兰景观就是一个很好的例子。荷兰的景观规划倾向于大尺度，并且荷兰把乡村景观看得非常重要，设有专门的乡村景观规划和设计部门，也许这就是荷兰独特的乡村景观成功的原因之一。当然，荷兰把乡村设计看得如此之重是与荷兰的地质条件有关的。

如果从荷兰的上空俯瞰这些乡村景观，你会发现一片片树林、绿篱和成排的树木构成了景观的整体轮廓。不可否认，很多设计师都在努力做到这一点。但是所有的这些都是与这个绿色轮廓所包含的景观质量相联系的，如农田、土地的尺度、新的乡村道路的路线及形式、新的乡村建筑的位置等。最初的乡村景观规划是建立在土地勘查、植物调查、历史分析和对该地区良好的直觉反应基础上的。后来，这个规划又被一系列的历史、地理和生态研究报告进一步证实和巩固。20世纪60年代至20世纪70年代是一个转折点。之前，设计师的规划仅仅涉及这个区域的土壤特性、形态学和历史模型等景观的最基本结构，但是后来空间设计在规划中越来越重要，对户外休闲设施的要求、创造新的自然区域、历史古城的保护和其他一些诸如废物处理等政策的要求都影响着乡村景观规划。不久，规划变成了一个需要花很长时间准备的复杂事件。景观设计变成了对设计过程中各种力量如何均衡的一种表达，而不再仅仅是基于景观本身物理属性的清晰的三维表达。

第七章 现代园林景观设计的未来发展趋势

随着全球一体化浪潮的加剧，传承与创新成了摆在各行各业面前一个亟待解决的难题，风景园林也难以避免。由于人们生活方式的改变，传统园林形式已无法满足当下社会发展的需求，迫切需要寻找一种既能在内容上符合时代需要，又能在形式上满足现代生活需求的现代园林景观设计。在民族精神、传统文化的基础上，如何传承古典园林景观的精华，创造出既具有时代精神又表达本土文化的现代园林景观，成为中国当代园林景观设计师的首要任务。本章从多个方面研究现代园林景观的未来发展趋势，也为我国现代园林景观设计的发展注入新的活力。

第一节 驱动现代园林景观发展的动力

现代园林景观的兴起不仅仅是因为受到中式建筑、中式家具、中式服装等的影响，也不仅仅是因为中国园林事业的厚积薄发。纵观整个现代园林景观的发展，它每一阶段的状态都与中国国情乃至世界的整体环境有着直接或间接的联系，是错综复杂的因素共同作用的结果。

一、社会动力

（一）发展政策导向

中华人民共和国成立以来，园林事业作为社会公益事业，历届政府领导人都高度重视，特别是党的十八大将"生态文明建设"放在突出的地位，因为其是实现城市经济和社会目标发展的重要手段之一，是建设美丽中国，树立良好的城市形象，提升城市品位，美化环境，实现城市可持续发展的途径之一，所以各级政府在资金、土地、政策、管理等方面的投入力度都不断加大。

随着我国社会、经济的发展和城市（镇）化进程的加快，城市、人口与环境、资源的矛盾日益突出，环境污染和生态破坏的问题增多，加之全球一体化的发展，民主特色文化不断流失，如何保护自然生态环境并不断改善城乡生态环境，成为摆在各级政府面前的难题，所以政府在制定城市远景规划的时候，绿地规划成了其中备受关注的部分。近年来，园林旅游作为发展经济的第三产业得到了政府的大力支持。我们始终重视自然和文化遗产的保护和管理，但在风景园林领域如何将这些文化传承下来是摆在学科面前的难题。这道难题在对风景园林学科提出任务和要求的同时，提供了难得的发展机遇和巨大的发展空间。目前，风景园林作为生态文明建设的一项重要内容，已经成为提高人们生活品质、加快城市发展、构建和谐社会的重要基础，所以各级政府在费用和政策方面都会予以倾斜。

另外，我国国际地位逐步提高，中外文化交流日益频繁，政府在打造国际形象和文化输出时对本土文化的需求变得更加强烈，这一方面是由于经济的发展；另一方面是由于举办奥林匹克运动会、世界博览会、世界园艺博览会等这样大型的国际活动本身就要求参与主体展示具有特色的东西，以对外宣传自己，同时参与主体希望通过这些行为来发扬自己的文化，提高知名度，增强人民对本土文化的认同，增强国家和民族的自信心、自豪感。地方政府在建设地方标志或公建项目时也要求体现地方文化，如西安的大唐不夜城、华清池新城。

（二）文化认知回归

对传统园林的再认识是"新中式"园林产生的内在基础，引发这种再认识主要表现在以下几个方面。

1. 保护文化遗产意识的觉醒

20 世纪 60 年代，中国开始设立文物保护单位；20 世纪 80 年代，中国建立了风景名胜区制度。1985 年，中国成为《保护世界文化和自然遗产公约》的缔约国，对遗产的研究不断增加，内容不断深入，领域不断扩大。2006 年，在我国公布了第一批《中国国家自然遗产、国家自然与文化双遗产预备名录》后，各地方政府也相继制定了各区域的自然和文化遗产保护法规或管理条例，包括文化景观、文化路线、非物质文化遗产等新遗产类型。随着对保护文化遗产认识的不断深入，自 1987 年至 2018 年，我国先后被批准列入世界遗产名录的世界遗产已达 50 处，仅次于西班牙和意大利，是拥有包括文化遗产、自然遗产、文化与自然双重遗产、文化景观遗产和非物质文化遗产等世界遗产类别最齐全的国家之一，也是自然和文化双重遗产数量最多的国家。

在申遗的过程中，越来越多的人认识到保护民族文化的重大意义。与遗产保护相关的法规、公约、管理条例的出台，为"新中式"园林提供了更多的可参考内容，也在一定程度上提高了"新中式"园林的影响力。中国传统园林是中华民族的一笔宝贵财富，理应得到传承和发扬。它所体现的文化归属感是现代人所渴望的，这也成为"新中式"园林传承传统园林的内在驱动力，也是文化自信的力量。

2. 快速发展形势下的反思

自改革开放以来，我国园林景观事业在发展过程中也出现了一些问题。其中，最大的问题就是园林设计中文化属性、民族属性和地域属性的缺失，造成了人们的感情缺失，环境和资源问题也日益严重。

中国大地就像一个大的世博园，各国的特色建筑、园林式样都能在中国找到相应的版本。为尽快缩短与发达国家的差距，向发达国家学习是必不可少的途径之一，模仿和借鉴也是必经阶段。但如何在吸收消化蜕变之后，形成自己的民族风格是摆在我们面前的重要而严肃的课题。探寻时代背景下新的民族文化，这也必然成为一种文化自觉的行动。

3. 环境问题的凸显

2013年伊始，全国多地出现雾霾天气，PM2.5含量严重超标，给人们的生活和出行带来了极大的不便，环境问题再一次警钟长鸣。全球气候变暖、资源能源的过度使用、热带雨林面积的减少、濒危物种数量增加、罕见大灾难的发生等使越来越多的人认识到保护环境的重要性。

"以人为本"是基于治理社会而提出的社会观，但不能施加在自然之上。在自然面前，应以自然为本。传统园林"天人合一""道法自然"的指导思想与"可持续发展"的理念不谋而合。这也给予现代园林发展很大的启示，道法自然、尊重自然应成为我国未来发展的重要理念。现代园林从传统园林中汲取养分，也是历史发展的必然。

（三）市民生活对新园林的要求

我国地域辽阔，地理环境、风土人情、气候条件、经济发展等方面差异较大，这也奠定了我国园林形式多样化的基础。我国古典园林形式按地域划分有北方园林、江南园林、岭南园林。除此三大主题风格，还有巴蜀园林、西域园林等形式，它们在共有的设计理念之上融合了历史、地理、人文特点，以独到的处理方式创造出鲜明的特征。然而在社会飞速转型的推动下，中国传统园林的独有特色在现代化的进程中悄然隐退。相对而言，西方的园林理论体系比较成熟和完善，致使大多数情况下我们直接实行"拿来主义"，尤其是近年来兴起的欧陆风、地中海风、东南亚风使中国园林的历史文脉正消失殆尽。雷同化、表面化、概念化的景观越来越多。人们对自己的生活环境日渐陌生，渐渐丧失归属感、场所感、认同感、方位感，陷入整体性"环境危机"中，所以创造场所精神、寻求归属感、追寻具有本土特质的现代园林形式，要求园林具有深层次的内涵表达成了人们日益关注的问题。追寻归属感和本土特质，并不是要回到过去，而是以传统文化为根源，并随着时代进步、社会发展逐步形成具有本土特质的文化品质。新的园林形式是在蕴含深厚文化底蕴的同时，满足现代人多样化的精神需求和生活需求。

二、经济动力

（一）经济基础制约园林发展

现代园林景观的兴起与生产力的提高有着必然的联系，只有当物质文明发展到一定的程度，人们才会有意识、有觉悟地进行精神文明方面的建设。随着我国经济的飞速发展，人民的生活水平大幅提高，精神上的追求就更加迫切，追求美好的生活环境就成为必然。雄厚的经济基础和政府部门对环境的关注是园林事业发展的基本保障。随着国民经济的增长，公共设施建设固定资产投资也随之增长，园林绿化的投资也逐渐加大。

近些年，随着园林景观事业的发展，园林经济初见成效，在一定程度上促进了园林事业的发展。园林景观发展的核心是实现城市、区域乃至全国的园林化，宗旨是实现人与自然的和谐相处，寻求人与自然可持续发展的途径。可持续发展是园林建设的出发点，那么园林经济就是可持续发展的落脚点。涵盖园林经济活动的有景观资源和风景名胜区的生态保护、重大建设项目与自然协调、创建国家园林城市、城市景观设计及创造宜人优美的居住环境。这些活动的建设过程带动了相关产业的发展（如材料产业、工艺设计等），促进了城市经济的发展，这些直接或间接产生的经济效益，又保证了园林景观事业的持续稳定发展。

（二）市场经济促进园林景观的个性化与多样化

随着我国改革开放的推进，市场竞争越来越激烈。把握好先机，通过产品的差异性提高竞争力是竞争者常用的手段。这些差异性体现在产品的性能、质量、款式、档次、产地、技术、工艺、原材料以及售前售后服务、销售网点等方面。对于风景园林规划设计而言，差异性就体现在设计风格、设计理念、科技含量、舒适度、人性化、可持续发展等方面。

中国城市化进程的加快和房地产业的空前活跃，为风景园林提供了巨大的发展空间。在使用者对异国风情的热情降温，对本土传统关注度提高的形势下，投资者和开发者开始敏锐地捕捉到土木设计的回归和市场的巨大需求，也意识到其美好的前景，加上媒体的宣传包装和市场策划，形成了品牌效应，提高了对传统园林的关注，从而形成了推动"中式"园林发展的重要动力。

"中式"风格区别于以往的设计，因为其满足了现代人们心理上和情感上的缺失——民族的认同感和文化的归属感；就生活方式和审美观念而言，带有我国古典园林铭印的设计更符合现代中国人的需求，并且有利于传承中华民族优秀文化。这些差异性为"新中式"风格赢得了好评，因此产品在同行竞争中占据优势，也带来了巨大的经济效益。这些都为"新中式"园林的发展打下了基础。

三、专车动力

（一）从园林历史发展角度看：本土园林是中国园林的发展方向

纵观园林发展史不难发现，园林的产生和发展与社会制度、生产力水平、经济、文化等方面的发展有着密切的关系，可以说园林发展的历史就是一部社会发展的历史。每一个时代的园林必定带着这一时期的时代烙印和社会特点，风景园林事业的发展也在曲折中前进。20世纪初，我国处于内忧外患的状态，战事频发、经济颓废，人们对园林艺术也就无暇顾及。新中国成立之后，随着社会生产力的发展，经济建设的力度加大，项目化生活的需求迫切，园林事业获得了新生，并因时代的不同，被赋予了新的内涵。20世纪80年代以后，借鉴西方发达国家的做法，我国园林景观事业是在起伏中不断前行的。进入21世纪，随着社会的发展和人们生活水平的提高，我国的风景园林学科更是迎来了前所未有的强势发展。城乡面貌发生了巨大的变化，但也带来了一些问题。比如，在规划设计上丢失了民族性、盲目照搬国外风格，创新能力不足，对环境生态问题关注不够等。幸运的是，随着社会的进步，人们在思想观念、生活方式、文化认知等方面也发生着变化。总结历史经验，及时弥补不足，是我国风景园林发展的必由之路。

现代园林景观是在总结我国园林发展的经验教训，借鉴西方发达国家的先进理论和方法的基础上，对发展具有中国特色的现代园林景观设计的一种新的探索。风景园林景观过去几十年的艰辛发展，从侧面说明了园林景观是现代风景园林发展的新方向，勾勒了风景园林未来发展的辉煌前景。

（二）从园林专业教育发展看：包容中外、兼蓄精华是其发展方向

20世纪20年代，在一些高等院校的建筑科和园艺科开设了庭园学、庭园设计、造园等课程，中华人民共和国成立之后，风景园林学被确立为一门现代学科，

党的十一届三中全会召开以后，风景园林学科得到快速发展。在 21 世纪的今天，时代呼唤中国风景园林的专业教育走上一条包容中外、兼蓄精华之路。

目前，学科目标已经逐步明确，学科队伍也在不断壮大，为我国风景园林的发展提供了充分的理论研究和大量的专业人才。2011 年，风景园林被正式列入110 个一级学科之列，风景园林学科的社会地位和认知度得到了承认。基于现代社会的发展要求，风景园林学科的范围也在扩大，同时注重科学性和技术性的结合，目前已经扩展到包括传统园林学、城市绿化和大地景物规划在内的三个层次，同时与建筑界城市规划与建筑学专业、农林界观赏园艺专业、艺术界环境艺术专业、地学界区域规划与旅游专业、资源环境界资源与生态专业、管理界旅游管理与资源管理专业六个方面产生了紧密的联系。这些发展变化有力地改变和完善了中华人民共和国成立以来我国风景园林学科发展中存在的不足，使风景园林朝着一个科学的、可持续发展的方向前进。

此外，各国之间的交流与合作日益频繁，这有助于及时学习国外先进的理论和实践经验，有助于深入了解学科内容，增强专业实力，还有助于更好地认识和理解过去与现在、传统与现代，从容面对专业教育的兼容并蓄，为未来发展奠定坚实的基础。由此，中国风景园林也进入新的发展时期，即建设有中国特色的现代园林时期。

（三）从园林规划设计市场发展角度看：走规范化、国际化的道路

随着我国经济改革的不断深入，市场化程度越来越高，园林行业体系也在不断变化并逐步走向成熟，在这个过程中行业内容得到了极大的扩展和丰富。在 20世纪 90 年代以前，园林规划设计单位不多，但特色鲜明。近几年，由于实践项目激增，相关行业（如林业和环境艺术等）以生态和景观的名义，打破行业界限，并渗透到园林规划设计领域，之后园林规划设计也和其他学科，如植物学、城市规划、人文学、建筑、环境心理学、游憩学、材料学等有了更多地交叉和融合。境外的规划设计公司、留学海外的学者也看重国内园林市场，纷纷加入其中，给中国的园林市场带来了新的思想理念和丰富的实践经验，潜移默化地影响着我国园林行业朝着规范化、国际化方向发展。

从上面三点可以看出，现代园林的发展已经具备了足够的包容性。中国园林经历了 3 000 多年，这个过程也是不断借鉴外来文化、融合外来文化的过程。比如，皇家园林圆明园通过借鉴西方园林中的理水形式，成就了中国园林史上辉煌的一页。

中国现代园林的发展也具有一定的前瞻性。现代园林俨然已经发展成为一门

科学，尤其是植物学、生态学、规划学科等科目。造园不再是一朝一夕的事情，而是在服务年限内持续、动态发展的过程，并且在园林设计之初，设计者要预测场所的服务范围、使用群体以及随着时间的变化可能发生的变量需求，这就使园林设计必须要有一定的前瞻性，保证园林朝着可持续发展的方向发展。

中国现代园林的发展还是多元化的。中国地域广阔，各个地方的园林发展基础也不尽相同，风俗文化大相径庭，使用者的需求也不同，加上各个区域经济发展不均衡、政府投资差异等导致园林的发展呈现出多元化需求。

中国园林发展呈现出的包容性、前瞻性、多元化，使中国园林市场在面对外界众多的园林形式、园林文化时保持了清醒的头脑，坚持"民族的才是世界的"，为"新中式"园林的发展提供了良好的氛围。

四、技术动力

与古典园林相比较，现代园林就是高科技的产物，科学技术渗透到了每一个项目的每一个环节、每一个分支。在一个项目设计的过程中，计算机技术是应用最多的。辅助分析软件有地理信息系统；计算机制图软件有 Auto CAD、Adobe Photoshop、3D Max 等；计算机能提供一个虚拟的"真实"环境，并根据各种比例、参数的计算使设计更加合理、完善。项目施工过程中涉及最多的是生物技术，如村地改造，水体或土壤改良，生态恢复，园林植物的引进、培育、改良等。在完成的项目里还会牵扯到很多其他的技术，如光伏发电技术、LED 照明及光纤照明技术、监控电子解说导游系统、新型材料（如防滑防冻裂的铺装材料、快速凝固生态挡墙护坡材料等）。这些技术的应用大大提高了园林的科学性、合理性、生态性、人文性，也拓展了学科范围。

现代技术的快速发展和应用，给风景园林学科的发展插上了腾飞的翅膀。现代技术和理论的引入，为风景园林的发展提供了新的思维、新的方法论、更丰富的技术手段和更具表现力的表达方式，给风景园林这一传统学科以全新的展示面貌。现代学科的发展特征，即社会科学和自然科学的相互渗透，促进了各学科之间的融合。现代园林学科以科学技术为主导力量，以保持生态平衡、美化环境为主导思想，以满足大众行为心理为目的，来解决不断出现的现实问题。

第二节　现代园林景观设计发展存在的问题

本节将先阐述现代园林景观的发展现状，进而对现代园林景观的发展策略进行优劣势分析，提出发展过程中遇到的问题。任何事物在发展的过程中都会遇到阻碍，但在明确了问题所在之后，园林景观的未来会越来越好。

一、认识有待深入

认识是实践的基础，是行动的指南。充分认识各个时期园林景观的发展，才能实现对上一阶段的超越。面对市场上众多的标榜自己是"中式"风格的作品，该如何去判断，如何去认识，这些都成为亟待解决的问题。

"中式"还处于一个朦胧的发展状态中，理论体系和知识体系的构建还不充分，评价体系也还不完善、人们对其认识程度还不够深刻等，这是新事物发展必须经历的过程，也是当代从事景观设计行业的人员必须认识和攻克的困难。付彦荣先生认为"中式"园林景观是一种造园倾向，并没有对其做出一个量化标准，对其特征、要素也没有提及。"中式"是传统中国文化与现代时尚元素在时间长河里的邂逅，其以内敛沉稳的传统文化为出发点，融入现代设计语言，为现代空间注入了凝练唯美的中国古典情韵。它不是纯粹的元素堆砌，而是通过对传统文化的认识，将现代元素和传统元素结合在一起，以现代人的审美需求来打造富有传统韵味的景观，让传统艺术在当今社会得到恰当体现，让使用者感受到深厚的传统文化。"中式风格"不应是纯粹的中式装饰元素的堆砌，而是应通过对传统文化的认识，将现代科技和优秀传统相结合，以现代人的审美需求来打造富有传统韵味的事物，从纷乱的"模仿"和"拷贝"中整理出头绪，让中国传统艺术文化在当今社会得到合适的传承和体现。"新中式"既是在探寻中国设计界本土意识之初逐渐出现的新型设计风格类型，也是消费市场孕育出的时代产物。如果这个体系存在，那么在"新中式"园林发展的过程中就可能避免或减少质量不齐作品的出现，使"新中式"园林走上规范化发展的道路。

二、实践有待深化

现代园林景观发展到目前的状况已经明显地暴露出一些问题。其一，如何在更大面积上和更多类型上落实。在城市绿地系统规划中，以面积大为特点的项目和多类型的项目普遍存在，如主题公园、综合性公园、遗址性公园等。通过分析园林景观中颇受赞赏的案例就会发现，其大多继承的是中国传统的院落式和街巷结构，营造了相对独立的空间。在这些面积大的园林景观类型中，把大片的面积分割成数块以适合意境的创造是不现实的，如何在大面积的土地上发挥"中式"的优势，表现出更强的中式韵味，是"新中式"园林景观不得不面对的一个难题。其二，作品如何适应更广的受众和更综合性的群体。在住宅项目中，高端别墅、高档小区的目标客户群是有海外留洋背景、崇尚居住品位的社会中上阶层以及偏爱中国文化、大企业里的高级主管或白领等收入高的群体。但是，在中国的人口比例里，普通群众占主体地位，他们亟须改善居住环境，因此多数的社会基础设施是为这部分人服务的。更广的受众带来了更大的发展空间，也带来了更加复杂的难题，这是对现代园林景观发展的一大挑战。

三、方法有待创新

目前，园林景观在设计方法、建设方式等方面存在一些问题：一是"中西混搭"的思路，用西方的设计手法来展示中式风格或将西方的设计元素应用到中式园林中，表面上既满足了中国人的民族情感又满足了现代生活需要，但其设计只停留在形式上，并没有深入到"中式"景观设计的内涵层面上；二是"中式"园林中景观小品、园林建筑、硬质铺装等引用"符号"直接构建，形式上虽然有模有样，但在深度上缺乏文化内涵和意境。由此可见，"中式"园林的本质并不体现在对中式亭台楼阁、飞檐翘角、粉墙黛瓦、太湖石等的追求上，而是表现在对中国人内在追求的表达上，其中包括道德思想、思考方式和生活追求，表达了中国人和中国园林对环境的态度。如何实现"中式"园林景观从"形似"到"神似"的转变是提高"中式"园林景观品质的关键。"中式意境"是在景观与人的知觉感受相互碰撞下产生的，创造"中式意境"可以从以下三个步骤进行。

第一，结构空间，通过空间布局满足现代人基本的空间需求，园林才有存在的前提。现代园林的景观空间需求大致可以分为三个方面：个人空间、私密空间、领域性空间。个人空间，像一个围绕在人体周围的气泡，腰部以上为圆柱体，腰部以下为倒圆锥形，这个看不见的气泡会随着人体的移动而移动，随着不同的情况而涨或缩。私密空间，对接近自己或自己所处的群体的选择性控制，即赋予使用者对环境一定的控制力，提高对景观的满意度。领域性空间，是一个固定不变的场所，为了满足个人或群体的某种需要，拥有或占用一个场所、区域，并对其加以人格化和防卫的行为模式。"中式"园林空间设计在"因地制宜"思想的指导下以满足现代人空间需求为目的，将建筑、植物、水体、地形有机结合，运用相关理论和景观设计方法，营造隐、藏、露、伸等丰富的空间层次。

第二，文化结构，通过对文化元素的应用满足精神需求。对美好、祥和、安定生活的追求始终是中国园林的主题，是园林这门艺术存在的前提。我国古典园林按照建园者身份可分为：皇家园林，体现皇权至上；私家园林，对理想生活、世外桃源的追求；寺庙园林，体现佛家、道家思想。园内代表元素有植物、亭廊、小桥流水、匾额题字等。随着现代园林的发展，园林内涵变得多样化，包括公园、庭园、街头绿地、风景区等，所表现的文化较古典园林更为丰富和广泛，现代中式园林不仅追求古典园林中的意境表达，还追求对中国历史上特定场景的表达或存在事实的叙述，如广州中山岐江公园保留了破旧的厂房和机器设备，然后对其进行了重新调整，保留了场地记忆。风景园林学科将能体现中国文化的元素分为两类：物质存在和精神存在。物质存在的元素包括颇具古典园林中常用的元素、事物留下的印记、一幢建筑、一卷经书、地形地貌；精神存在元素包括神话故事（如神笔马良）、中国人特有的情感（如黄色代表中国人、国人谦虚内敛的思想、对待自然的态度），通过对各类元素的重新解构组合，完成精神传承。

第三，知觉结构，完成情感升华。"中式"韵味是在景观呈现和观赏者知觉的碰撞中，通过"迁想""移情""类比"等行为产生的，不具备情感的事物在赋予人的情感后变得通灵，形神兼备。所以，在"新中式"园林的创作中，除了借鉴古典园林的造园理论、造景手法来营造中式的感觉，还可以借鉴环境心理学的一些研究成果。例如，"知觉整体性原则"能引导设计师从最终的造景效果出发合理地把控景观的整体结构；"同型论"将物理现象、生理现象、心理现象看作具有同样的格式性质，有利于设计师从物质空间到知觉感受，整体地把握造景的手法；"概率知觉"理论使我们了解到看到的和身临其中是有差异的。这些理论的应用，在无形中和细节中促进、催化了"中式"感的形成，细节中蕴含的力量对人的精神、心理变化往往是最为直接和强大的。

第二节　现代园林景观设计的发展趋势

传统和未来都是相对当下而言的，当下是从传统中走出来的，当下又孕育着未来，我们只有认清当下，才能辨别出传统给予了我们什么，我们又能给予未来什么。剖析现在的问题与机遇，才能创造更好的未来。更在园林景观的创造中，我们既不能完全抛弃传统，也不能完全吸纳西方现代园林的成果，在多元文化的冲突、解构、重组、变异之后，走出一条属于中国人的现代园林景观之路。

一、现代园林发展趋势

现代园林景观不仅仅是一种设计技巧、一种设计风格，还应该是一种生活态度和思维方式，是民族文化、民族精神在当代的反映和折射。随着"宜居"概念的深入人心，人们对环境的要求不仅仅满足于基本的生活需求，建设美丽家园、山水城市，实现带有本土特色又能可持续发展的便捷、舒适、更高生活品质的生存环境已经成为奋斗的目标，所以现代园林景观的发展必将具备以下几个特点。

（一）内容民族化

民族的才是世界的，只有保持自己的特色才能不被全球一体化的潮流淹没，才能在世界文化格局中占有一席之地。传统园林景观虽然不能满足现代人的生活需求，但中国园林的创造主体和服务主体依然是中国人，本土的东西仍是最易创新和最易接受的，而且过去 30 多年发展的经验教训也告诉我们走具有本土特色的现代园林景观道路是正确的。表现本土文化的方式有很多，应用传统文化符号是最为简单和直接的一种方式，但将传统文化赋予新的形式，是"中式"园林景观追求的更高目标。在西安大雁塔广场一侧的关中民俗园中，园林设计者采用雕塑的形式展现了关中地区的秦腔、皮影、线戏等区域文化特色。在山水园中，游览者通过空间的开合变化和植物、景墙等对视线的引导感受到中国传统园林中"小中见大"手法的神奇。

（二）形式多样化

随着时代的发展，园林的内容和形式不断被丰富和扩展，学科发展越来越完善，分工越来越精细。巨大的历史机遇推动着中国园林的拓展和繁荣，越来越多的人投身到其中来，他们的广泛参与为现代园林的发展带来了新的思想，丰富了景观设计的语言。

随着我国改革开放的不断深入，东西方文化、艺术深入交流，国外的园林形式、理念、技术也渗透了进来，为我国现代园林注入了新的活力。它们除了原本的形式外，在中国本土环境中，与中国元素发生碰撞，变异出更多的形式。另外，人们的需求也越来越多样化。多样化的需求和多种风格相互碰撞、融合，促进我国园林朝着内容符合时代需求且形式更为多样化的方向发展。

（三）发展持续化

可持续发展的理念已经广为人知，"中式"园林景观也必须在这方面与社会发展趋势相符合。"中式"园林景观发展的目标之一是生态园林，即成为一个三维空间、人类和自然生态系统一体化模式的可持续发展的生态体系。它是维持社会、经济、环境三大因素可持续发展的纽带，可以将绿地建设从纯观赏层面提升至生态层面。

生态园林景观包含三个方面的内涵。一是具有完善的自然生态环境系统，建设多层次、多结构、多功能、科学的植物群落，联系大气和土地，组成完整的循环圈。通过植物的生态功能，涵养水源，净化空气，维护生态平衡。二是建立人类、植物、动物相联系的新秩序，达到文化美、艺术美、科学美和生态美。三是应用生态经济效益，推动社会和经济同步发展，实现良性循环。"新中式"园林不仅仅是多种树，增加绿化量那么简单，它要在多层次、多领域全方位覆盖，实现真正的持续化发展。

（四）功能综合化

现代园林已经不仅仅是一个满足人类生活消遣娱乐的场所和美化环境的载体了。随着社会的进步和科学技术的不断发展，人们对园林功能的认识不断提高和深入。其功能概括起来大致分为：景观功能、生态功能、文化功能、经济功能、社会效益。

"中式"园林景观应该在更高水平上整合这些功能，使其在体现科学性、民族性和时代性的同时，发展和承担新的功能。

景观功能是园林最基本的功能，不仅可以遮挡不美观的物体，美化市容，还可以利用园林设计布局使城市具有美感，丰富城市多样性，增强其艺术效果，为人们创造一个美好的生活环境。

园林不仅可以作为日常游玩休息娱乐的场所，还具有文化宣传、科普教育的功能。在游览的过程中，通过各种不同类型的景点，寓教于乐。比如，人们在南京中山陵可以了解孙中山一生的丰功伟绩；去大唐芙蓉园可以充分地了解盛唐文化。同时可以了解植物学方面的知识，以及地方民俗、风土人情等。

近年来，国家加大对园林景观产业的投入，城市园林已经成为一门新兴的环境产业。园林的经济功能包括两个方面：直接效益和间接效益。直接效益指参观门票、娱乐项目、生产项目等的收入；间接效益指生态效益，是无形的产品。据美国科研部门研究记载，间接效益是直接效益的 18～20 倍。

园林景观化具有一定的社会效益，良好的城市环境可以推动城市经济的发展，并且良好的生活环境还可以减少不良事件的发生，是社会和谐、生活安定的保证。总之，园林事业已经成为一个城市发展、稳定的基础。

（五）行业规范化

"中式"园林景观的发展必将给风景园林行业的发展带来动力，而全行业发展水平的提高，也有利于推动"中式"园林的进一步发展。随着近几年园林事业的飞跃发展，专业内容愈发丰富，实践项目增多，对专业教育、传统的行业运作和管理模式都提出了挑战，因此作为一个专门的行业，要想有长远的发展，就必须不断地完善和发展。

首先，"中式"园林景观的发展将推动行业教育的发展。一个合格的园林设计师所需要的专业技能和基本素养主要包括以下几个方面：对环境敏锐的洞察力；对设计中的艺术层面和人文层面意义的理解能力；分析能力和形象思维能力；解决实际技术问题的能力；管理技巧、组织能力、职业道德和行业行为规范。在现行的教育体系中，每个学校按照自己的理解将其安排在不同的学科内，如农业院校里园林专业会被安排到生命科学内，工科院校会将其安排到建筑学科内，艺术院校将其安排在艺术设计学科内，不同的学科体系下其侧重点也会不一样，培养的能力也不同，综合素质在有些方面做得不到位甚至很欠缺。

其次，要完善行业标准，建立和完善市场准入制度及行业管理制度。目前，我国园林专业的行业标准基本是参照建筑学、规划学标准执行的，但由于园林行业的特殊性，不会在短时间内导致大问题或灾难性的后果，所以没有一些硬性的规定和衡量的标准，导致项目质量参差不齐。因此，应该建立和完善市场准入制度，制定严格的行业管理制度和规范的评定认证机构，根据中国园林市场的定位和划分，对从业的设计师和公司进行资格审查和评定，达到一定的水平参与相应的项目建设，并进行长期的监督和定期的执业能力评估。

二、现代园林景观设计发展趋势

（一）创作理念——传统孕育未来

人类社会的文化发展表现为持续地推陈出新，不是抽刀断水。传统是一个不断变化的开放性的系统，旧的传统与新兴事物或外来事物在现实中不断地碰撞、结构、重组、变异，形成新的传统，新的传统再演变为旧的传统，往复循环向前行。它生存在现代，联系着过去，孕育着未来。

历史主义原则认为，随着时间产生的一切事物都是暂时的，它产生、发展，也必将消亡。传统景观的消亡是我们必须面对的事实，但我们没有必要执着在它的表面和形态上而不断地模仿它。一个新传统应该汲取的是旧传统的精华，中式园林景观应该探索传统园林所表达的造园理念和目标以及隐藏在造园事件背后的精神追求。在此基础上还应多借鉴吸收西方园林的发展成果，融合现代先进的设计语言，借鉴多学科的研究成果，使"新中式"园林景观朝着一个现代化的方向复合、变异，既传承过去，又开创未来。

（二）创作立意——现代人的现代园林

在古代造园时，园主人有相当大的权利决定造一个什么样的园子，因为这个园子是为他服务的，他很清楚自己的需求。现代园林设计者很多时候并不是园子的使用者，设计师在不是很了解使用者需求的情况下，根据自己固有的经验，呈现出诸如"生态性""区域性""乡土景观"等概念，园林景观设计已经成为一种按部就班的程式化工作，这样做不会出现大错，但没有新意。"中式"园林景观设计中，我们要从使用者的审美与需求、当地的自然条件、场地的环境条件出发，从文脉、人脉、地脉各个角度去考量，不局限于为了传承而传承，创造出有内涵又实用的现代园林。在创新的时候应该拓宽思路，从更多的领域寻求灵感，如中式服饰、影视界、动漫等。

（三）创作手法——原则性、适宜性、多样性

全球文化大交流的背景，加上高新技术的广泛应用，使园林景观创作手法呈现出多样化，即使有同样的理念和立意也会有不同的表达方式。在明确的理念和清晰的立意下选择"新中式"园林景观表达的方式，应遵循原则性、适宜性、多样性统一协调的创作手法，对"新中式"园林进行创作。

原则性："中式"园林景观的创作虽然是在一个开放、多元的氛围中进行的，但还是应该注意一些原则的把握，立足于场地的人脉、地脉、文脉，尊重地域特色，融合场地周边环境和城市肌理，在可持续发展和满足民族精神需求的前提下设计与当地生活相统一、相协调的"新中式"园林。

适宜性：在全球文化频繁交流的当下，外来文化对本土文化的影响不可抵挡，中国园林景观在经历了传统与现代、外来与本土冲突融合之后，更深切地了解了"因地制宜"的含义。在"中式"园林的创造过程中，了解场地文化和地域特征的前提下，立足于社会经济、创作环境、人际交往等实际条件，寻求有效合理的创造方向。

多样性："中式"园林景观的设计应从多角度去考虑和进行，而不能局限于单一的风格或元素中，园林景观中涉及的每一个要素都可以成为设计特征，场地地脉、周边环境、本土植物、建筑形体、色彩及地域文化等都可以成为灵感的来源，而不只是限定在"中式风格""曲径通幽"等固定模式中。

总体来说，现代园林景观延续了中国古典园林景观的脉络，吸收了众多新技术、新材料、新设计语言，不断地丰富和充实着世界园林体系。在全球文化日益交融的背景下，这不仅是中国园林事业的进步，也是世界园林事业的进步。对中

国园林景观而言，"中式"园林景观的发展不仅是园林景观学科的发展，更体现了中国社会的发展和进步。现代园林景观作为表达社会文化的重要形式之一、社会可持续发展的重要内容、创建和谐社会的重要基础之一，在提高全民生活质量、建设可持续发展、加快城市化建设等方面发挥着不可替代的作用。

三、集约型现代园林景观设计的趋势

我国是一个人口众多、资源相对不足的国家，随着经济的迅猛发展，我国多项建设出现了资源浪费和资源过量攫取的现象和问题，造成了资源的不足和环境的破坏。为此，我国政府提出了坚持科学发展观、建设节约型社会的政策。由此看来，将科学发展观和建设节约型社会的理念融入园林设计中，并发展成为集约型园林设计是如今景观设计的必由之路，也是重要趋势。

集约型园林景观设计是集约型园林体系的一个重要方面，集约型园林体系是一个综合体系，是由经济、历史、文化、能源、生态等多方面因素互相作用、互相影响的体系，它是建立在园林发展与社会、经济发展相协调的基础之上的。因此，包括集约型园林景观设计在内的集约型园林体系是未来的发展趋势。

（一）土地资源的集约

集约型园林景观设计就是将原有的要素进行优化集约，目的是实现资源的合理利用，土地资源是指已经被人类利用或未来可能被人类利用的土地，具有总量有限、稀缺性、可持续性等特点，加之土地资源是园林景观的物质基础，因此实现土地资源的集约是未来园林景观设计的趋势。

园林景观设计应避免土地浪费，实现土地的多重利用效果，在同一块土地上建设不同的建筑项目，从而实现土地空间的立体性效果。园林景观设计有效利用废弃的土地，将废弃的工厂或关闭的公园在生态方面进行恢复之后，再次成为园林景观，这种可持续的做法成为很多发达国家应用的方法。

例如，北京"798艺术区"。北京"798艺术区"是国营798厂等电子工业的老厂区，占地60多万平方米，是国家"一五"期间的重点项目之一，是社会主义阵营对中国的援建项目。这些工厂有典型的包豪斯风格，是实用和简洁完美结合的典范，也体现了德国人在建筑质量上的追求。比如，这些建筑的防震性，一般可以抵御8级地震；比如，厂房窗户朝北，保持了天光的恒定性。2002年，做艺术网站的美国人罗伯特租下了回民食堂，他的很多合作对象看中了这里廉价的租金，开始在这里做艺术工作室和艺术展览，从此"798艺术区"成了艺术的村落，如图 7-1 所示。设计师利用废旧的工厂作为艺术区，使 798 艺术区成为土地集约的典范。斑驳的红砖瓦墙、错落有致的工业厂房、鲜明的时代标语，都是北京这个城市独特的记忆。昔日的厂房如今成了艺术的聚集地，更成为景观生态设计的显著体现。

图 7-1 798 艺术区

土地集约的主要对策有以下几点。首先，利用复合绿地，最大限度地提高土地的利用率。比如，公园的草坪可以与应急停机场相结合，不仅可以完成绿化功能，也能提高土地的使用功能。其次，保护优质绿地，重新利用不良生态用地。做好因地制宜，将一些不良生态用地，如盐碱地、废弃工厂等重新利用。再次，在进行土地集约的过程中，严格执行城市绿化规划建设指标的规定，不得轻易降低绿化指标。

例如，屋顶花园。屋顶花园目前在国内外均有广泛的应用。屋顶绿化具有以下重要意义：屋顶绿化可以增加城市绿地面积，改善日趋恶化的人类生存环境空间；改善城市高楼大厦林立缺少自然土地和植物的现状；改善热岛效应以及沙尘暴等对人类的危害；可以开拓人类绿化空间，建造田园城市，改善人们的居住条件，提高生活质量；还可以美化城市环境，改善生态效应。图 7-2 是我国国内设计师的屋顶花园作品，设计的效果图到设计的最后呈现非常接近，不但实现了土地的节约，提高了土地的利用率，而且绿色植物对环境还有保护的作用。

图 7-2　建筑屋顶园林景观

（二）山水、植被等资源的集约

保护不可再生的资源、实现资源价值最大化是园林设计集约趋势的体现之一。山水、植被等资源是地球上的稀缺资源，如果浪费，后果不堪设想，这是人类生活的必需品，也是人类的共同财富。

园林景观设计应该慎用这些资源，最大限度地保持这些资源的原貌，或对这些资源进行巧妙的合理化的运用。以自然为主体是保护自然资源的途径之一，随着自然生态系统的严重退化和人类生存环境的日益恶化，人们对自然与人类的关系的认识发生了根本性的变化。人是自然中的一员，园林景观设计要遵循人的审美情趣，将自然资源看作原材料。

在丹麦首都哥本哈根，随处可以看见人们悠闲地喂食麻雀。在著名学府剑桥大学，成群的鸽子在天空飞翔，结队的野鸭在水中游弋。在伦敦的白金汉宫前的大片森林绿地中，松鼠和鸟类迎接着八方游客。在很多欧洲城市中，雕塑上边甚至随处可见粪便。当地的导游告诉游客，只有将这些粪便留在雕塑上，才能吸引更多鸟类驻足。世界上很多国家在园林设计方面追求自然、尊重自然、崇尚自然。在巴黎凯旋门的设计中，动物也是园林设计中的一员。地球是人类与动物共同拥有的，人类与自然、人类与动物的和谐相处不仅是一种心态，更是园林设计中不可忽视的内容。

重视山水等资源的宝贵价值是集约型资源开发与利用的重要表现，所以需要提高水土保持能力、保护现有的自然资源、调整资源结构以促进生物多样性的发展，从而确定自然资源的长久保持及良性的循环利用。

例如，日本枯山水庭院设计。15世纪建于京都龙安寺的枯山水庭园是日本最有名的园林精品。庭院呈矩形，面积仅330平方米，庭院地形平坦，由15尊大小不一之石及大片灰色细卵石铺地构成。石以二、三或五为一组，共分五组，石组以苔镶边，往外即是耙制而成的同心波纹。砂石的细小与主石的粗犷、植物的"软"与石的"硬"、卧石与立石的不同形态等，往往于对比中显其呼应，如图7-3所示。枯山水庭院设计之所以受到日本人乃至全球的欣赏和喜爱，一个非常现实的原因就是可以节省空间和降低成本，在越来越多的仿古餐厅中，枯山水庭院的设计得到了设计师的广泛赞赏与应用。枯山水注重形式，忽略了真山水的质感，却利用材料的质感代替了山水的质感。枯山水庭院的艺术感染力在于以下两点：首先，凝固之美，用形式的简朴和集约表现了材料本身的质感；其次，悲凉之美，用"枯"突出庭院之悲凉，只有山水的形式，没有山水的活力。

图7-3 日本枯山水庭院

水资源集约的途径：第一，在设计的过程中要充分考虑植物的需水量，按照需水量将不同的植物进行集中规划和配置，如将耐旱植物与喜水植物进行分类设计规划；第二，在草坪的设计中，尽量使用耐旱植物或节水植物进行配置，尽量控制植物的需水量；第三，在设计的过程中，将植物置于集水地形中，便于雨水资源的利用，从而杜绝水资源的浪费。

例如，重庆市建桥工业园双石河两岸斜坡植物群落景观。重庆市建桥工业园双石河两岸斜坡植物群落景观是重庆首个节约型园林，如图7-4所示。该景观占地14亩，以36种重庆主要园林植物为主，建成智能化节水灌溉—雨水收集利用—河水利用耦合系统，实现雨水零排放、洁净水零利用以及按需灌溉。该节约型园林示范景观实现雨水零排放，意味着自然降水全部保存在土壤和雨水收集系统里。洁净水零利用，意味着园林绿地养护过程中，无须使用自来水。实验数据显示，同样面积的园林绿地，该示范景观比对照点管护费用节省37%，管护人工费节省77.78%。节水灌溉、雨水收集起来进行灌溉和河岸两边植物的养护，不仅符合当下园林景观设计趋势及水资源集约，还便于雨水的利用，避免了浪费。

图7-4　建桥工业园双石河两岸斜坡植物群落景观

如图7-5所示，武汉长江大桥与龟蛇两山非常合理地利用自然山体作为桥梁引线，增加了桥梁跨度，使桥身建筑景观和地形地貌环境浑然一体，既保持了道路优美流畅的自然曲线，又最大限度地减少了土方量，节省了工程的建设资本；而桥梁建筑与武汉长江两岸的自然山水环境景观伴生效果也极大地丰富了武汉的城市生态环境。

图7-5　武汉长江大桥

（三）能源的集约

新技术的采用往往可以成倍地减少能源和资源的消耗。例如，成都武侯祠景区打造了雨水收集利用的景观，为市民提供了休息、游憩的场所。合理地利用自然，利用光能、风能、水能等资源为人类服务，从而大大减少能源的消耗。

风力发电机园林景观。在我国北方的内蒙古、张家口、东北三省各地有一种新能源发电装配——大风车发电机，如图7-6所示。大风车发电机安装的风光互补路灯可以将风能和太阳能转化为电能，解决照明的问题。在公园设计中，可将风力发电机、太阳能光伏发电设备与景墙、建筑的设计相结合。

图7-6　风力发电机景观

大量的节能景观建筑、生态建筑见证了人类生态环境建设的足迹。园林建筑设计使建筑与环境之间成为一个有机整体，良好的室内气候条件和较强的生物气候调节能力，满足了人们生活、工作对舒适、健康和可持续发展的需求。

在景观植被的生态设计中，林地取代了草坪，地方性树种取代了外来园艺品种，这样可以大大减少能源和资源的耗费。另外，减少灌溉用水、少用或不用化肥和除草剂等措施都体现了能源的集约，也是景观生态设计的重要内容。

最近几年，景观园林的浪费情况比较严重，"低碳"成为园林景观设计的关键理念之一。能源集约的策略包括以下几点：第一，降低煤炭能源的消耗。电能主要靠煤炭的燃烧，而煤炭使用率越高、废气排放量越大，在这个恶性循环中，降低煤炭资源的消耗就成了主要途径。第二，选择低碳材料。在园林设计中，园林材料既包括铺装、玻璃等材料，又包括木材、花卉等材料，应该减少对新型、人工、高碳材材料的使用。对低碳、乡土材料的合理使用不仅能够减少资源浪费，还能充分体现历史地域特色。第三，保留自然状态。降低能源的使用，要尽可能保留自然的原貌，保护自然的生态平衡状态。

新加坡碧山宏茂桥公园和Kallang河道修复。新加坡从2006年开始推出活跃、美丽和干净的水计划(ABC计划),为市民提供了新的休闲娱乐空间,如图7-7所示。同时,提出了管理可持续雨水的应用。在遇到特大暴雨时,紧挨公园的陆地可以兼作输送通道,将水排到下游。碧山公园是一个启发性的案例,它展示了如何使城市公园作为生态基础设施,与水资源保护和利用巧妙地融合在一起,起到洪水管理、增加生物多样性和提供娱乐空间等多重功用。

(a)

(b)

图7-7 新加坡碧山宏茂桥公园和Kallang河道修复

沈阳建筑大学稻田校园是由著名建筑师俞孔坚设计的,该作品大量使用水稻、当地农作物、乡土野生植物(如蓼、杨树)作为景观的基底,突显场地特色。这样不但投资少,易于管理,而且能形成独特的、经济且高产的校园田园景观。空间定位重复的九个院落式建筑群,容易造成空间的迷失,此景观设计需要解决这一问题。为此,应用自相似的分形原理进行九个庭院的设计,使每个庭院成为空间定位的参照,使用者可以通过庭院的平面和内容,感知所在的位置。通过旧物再利用建立新旧校园之间的联系,把旧校园的门柱、石磨、地砖和树木结合到新校园的景观之中,如图7-8所示。

（a） （b）

图 7-8　生态的校园园林景观

四、生态与艺术相结合的现代园林景观设计趋势

（一）生态园林理念的趋势

生态园林是一门包含环境艺术学、园艺学、风景学、生态学等诸多科目的综合类科学。生态园林可以诠释为以下几点：对自然环境进行模拟，减少人工建筑的成分；尽可能地少投入、大收益；植物的大量运用；依照自然规律进行设计；有益于人们的身心健康。生态设计是通过构建多样性景观对绿化整体空间进行生态合理的配置，尽量增加自然生态要素，追求整体生产力健全的景观生态结构。

绿化是城市绿地生态功能的基础。因此，在植物造景的过程中，要尽可能使用乔木、灌木、草等来提高叶面积指数，提高绿化的光合作用，以创造适宜的小气候环境，降低建筑物的夏季降温和冬季保温的能耗。

同时，根据功能区和污染性选择耐污染和抗污染的植物，发挥绿地对污染物的覆盖、吸收和同化等作用，降低污染程度，促进城市生态平衡。因此，在生态园林景观设计中，基本理念就是在园林景观中，充分利用土壤、阳光等自然条件，根据科学原理及基本规律，建造人工的植物群落，创造人类与自然有机结合的健康空间。

"因地制宜、突出特色、风格多样"是园林景观设计中生态趋势的要求。依据设计场域内的阳光、地形、水、风、能量等自然资源结合当地人文资源，进行合理的规划和设计，将自然因素和人文因素合二为一。

秦皇岛滨海景观位于河北省秦皇岛市渤海海岸，长 6.4 千米，面积为 60 平方千米，整个场地的生态环境状况遭到了严重的破坏。沙滩被严重地侵蚀，植被退化，一片荒芜杂乱。该地区修复项目旨在恢复受损的自然环境，重现景观之美，并将之前退化的海滩重塑为生态健康且风光宜人的景观，如图 7-9 所示。该项目与其他湿地改造项目类似，在保留自然生态的基础之上加以施工，为呈现出一处人们可以接近的、生态的园林而努力。在其修复工程中发明的浮箱基础技术还获得了专利，该技术专门用于解决松软地基和湿地生态保护区域的建筑工程难题。该项目包括国家级滨海湿地的保护和恢复，一个鸟类博物馆建筑和著名的鸽子窝公园的生态修复工程，展示了景观设计师如何将生态、工程、创新技术和设计元素融为一体，对受损的景观和生态系统进行了系统的修复，将退化了的人与自然的关系重塑为一种可持续的、和谐的关系。该景观对自然环境进行了保留，2010ASLA 专业奖评委会对该项目做了评价：它简单到只设计给人以进入的机会。解说到位、非常有说服力。这是又一个有标志性意义的项目：清晰的理念和多种手段成就的美丽工程。这是一个充满希望的工程、一个用低廉造价获得成功的作品。

（a）

（b）

（c）

（d）

图 7-9　秦皇岛滨海景观

2009 年，受哈尔滨政府委托，北京景观与建筑规划设计研究院承担了哈尔滨湿地雨洪公园景观设计的工作，公园占地 0.34 平方千米，是城市的一个绿心，如图 7-10 所示。场地原为湿地，但由于周边的道路建设和高密度城市的发展，导致该湿地面临水资源枯竭，湿地退化甚至消失的危险。解决的措施是将面临消失的湿地转化为雨洪公园，一方面解决新区雨洪的排放和滞留，使城市免受涝灾威胁；另一方面，利用城市雨洪，恢复湿地系统，建造具有多种生态服务的城市生态基础设施。实践证明，该设计获得了巨大成功，实现了设计的意图。建成的雨洪公园，不但为防止城市涝灾做出了贡献，而且成为新区城市居民游憩的场所。同时，昔日的湿地得到了恢复和改善，并已晋升为国家城市湿地。该项目是城市雨洪管理和景观城市主义设计的优秀典范。

（a）

（b）

图 7-10　哈尔滨雨洪公园景观

第七章　现代园林景观设计的未来发展趋势

205

（二）艺术性在园林设计中的趋势

园林是一门综合艺术，它融合了书法、工艺美学、艺术美学、建筑学、美术学及各种学科。如今，商业化气息遍布各个学科，如何创造出具有艺术性的园林景观成为园林景观设计师常常需要考虑的问题，因此园林的艺术性在设计中就显得尤为重要。

1. 遵循空间布局的艺术性

这条法则包含了布局的美观和合理，这就要求设计师注重园林的空间融合，注重空间的灵活运用。园林构图要遵循艺术美法则，使园林风景在对比与微差、节奏与韵律、均衡与稳定、比例与尺度等方面相互协调，这是园林设计中的一个非常重要的因素。

园林的空间布局是园林规划设计中一个重要的步骤，是根据计划确定所建园林的性质、主题、内容，结合选定园址的具体情况，进行总体的立意构思，对构成园林的各种重要因素进行综合的全面安排，确定它们的位置和相互之间的关系。

综上所述，一个好的园林作品包括了解建筑分布、规划空间结构、融合使用对象等。园林空间的合理利用对现代园林景观设计非常重要，如何以人为本，如何因地制宜是每一位园林设计师需要分析的。

以西班牙的阿托查植物园火车站为例。位于西班牙首都马德里的阿托查火车站，不仅是一个交通运输转换站，还是一个室内植物花园和珍稀动物保护区，如图 7-11 所示。火车站最早建于 1851 年，而后由于火灾在 1892 年进行了重建，并于 1992 年在室内种植了众多的树木植物。整个室内花园有超过 7 000 株树木，其中很多都是棕榈树，里面还有很多热带树种。在珍稀动物保护龟池塘边，可以看到很多龟在嬉戏、游玩。该工程的设计师是西班牙建筑大师拉斐尔·莫尼奥。在现代建筑史上，同时兼具伟大教育家与成功建筑师的典例并不多，拉斐尔·莫尼奥正是其中之一。他的建筑风格结合建筑构造、空间机能与视觉美学，并将历史语汇与基地纹理于转化建筑中。从银行到博物馆，从车站到文化中心，从美术馆到音乐厅，题材广泛开阔，形式多样灵活，各具特色。完成于 1992 年的阿托查火车站正是莫尼奥的代表作之一，被誉为最有效率的车站之一。阿托查植物园火车站遵循布局的艺术性，注重空间的灵活运用，将园林与火车站相融合，使其成为独具特色的双重意义的空间。

（a）

（b）

（c）

图7-11　阿托查火车站景观

　　三谷彻是日本景观设计师，其设计领域涵盖环境、艺术、美术、园艺等多个方面，对景观的设计创造也是独具特色。大阪西梅田入口广场位于大阪府大阪市，是其极具代表性的作品之一，如图7-12所示。为了实现绿色浮游空洞这个初期的设计概念，设计师提出了在这个高层建筑的脚下建造"多孔性立体广场"的设计方案。这是在高密度的日本城市中如何使高层建筑得以"落地"的有效并且典型的方法。与西欧建造明确的铺装广场相比，设计师希望提供一个日本人所喜好的公共空间形式，也就是使建筑与大地的结合暧昧化。"绿色瀑布"使地下商业街的一角产生了新的焦点，"联结空洞"在白昼与夜晚展现着各种不同的光线效果。为了各种各样的目的而相互交错的人们与立体的绿色相融合，在城市中产生了新的景致。三谷彻因地制宜，将适合室内种植的植物植入到该园林景观的设计中，充分考虑环境因素，为经过这里的每一个市民创造出了值得观赏的"绿色瀑布"，这是一个值得学习的景观设计样例。

图 7-12 大阪西梅田入口广场

2. 园林绿化植物的艺术性

园林艺术中的植物造景有着美化和丰富空间的作用，园林中许多景观的形成都与花木有直接或间接的联系，如图 7-13 所示。植物种植的艺术性不仅包括植物的习性，还有植物的外形和植物之间搭配的协调性。

图 7-13 植物种植的艺术性

任何一个好的艺术作品的产生都是人们主观感情和客观环境相结合的产物，不同的园林形式决定了不同的环境和主题，如图 7-14 所示。物种的内容与形式的统一是达到植物配景审美艺术的方法。

图 7-14 物种内容与形式的统一

参考文献

[1] 刘福智 . 园林景观规划与设计 [M]. 北京：机械工业出版社，2007.

[2] 马克辛，李科 . 现代园林景观设计 (附光盘高等院校环境艺术设计系列教材) [M]. 北京：高等教育出版社，2008.

[3] 李娴 . 乡土景观元素在现代园林中的运用 [D]. 南京：南京林业大学，2008.

[4] 李丽，刘朝晖 . 园林景观设计手绘技法 [M]. 北京：机械工业出版社，2011.

[5] 廖建军 . 园林景观设计基础 [M]. 长沙：湖南大学出版社，2011.

[6] 秦嘉远 . 手绘你 hold 住了吗——园林景观设计表现的观念与技巧 [M]. 南京：东南大学出版社，2012.

[7] 程双红 . 色彩在园林景观设计中的应用 [J]. 中国园艺文摘 ,2012,28(3):107–109.

[8] 赵鑫 . 西方现代绘画对园林景观设计的影响 [D]. 长沙：中南林业科技大学 ,2012.

[9] 程双红 . 浅析园林景观设计中的立意 [J]. 广东园林 ,2013,35(2):26–30.

[10] 周杰 . 和而不同——中西园林景观设计思想的解析 [D]. 南京：南京工业大学 ,2013.

[11] 李爽 . 生态园林景观设计中的植物配置分析 [J]. 科技创新与应用 ,2014(15):129.

[12] 肖蕾 . 试析现代城市园林景观设计现状及发展趋势思考 [J]. 江西建材 ,2016(10):40,43.

[13] 凌敏 . 浅析声景观在居住区园林设计中的应用 [D]. 广州：华南农业大学 ,2016.

[14] 黄光明 . 视觉元素在园林景观设计中的运用探讨 [J]. 现代园艺 ,2018(7):82–83.

致　谢

　　本书在编写的过程中参考了业内前辈和相关学者的大量作品、成果和文献资料，在此一并表示感谢。本书的顺利出版，离不开玉林师范学院农学院 / 生物与制药学院各位同事以及我的家人的大力支持和帮助，使我有充足的时间和精力完成本书的撰写。

　　本书的顺利完成是玉林师范学院园林园艺专业群团队全体成员的科学研究和写作的结晶，他们为王道波博士、周兴文博士、黄维博士、乔清华博士、梁芳老师、杨香春老师、邓旭博士、莫昭展博士、张玉博士、郭艺鹏博士、牛俊奇博士、任振新博士、吕其壮博士、刘召亮博士。

　　本书的出版获得广西教育厅园林特色专业建设项目、广西教育厅农业硕士培育项目、玉林师范学院重点学科建设经费等的资助，在此表示感谢！

　　另外，还要感谢河北优盛文化传播有限公司和东北师范大学出版社，在本书正式出版前提出的修改和指导意见，尤其是本书的责任编辑肖茜茜，没有他们的帮助和支持，就没有本书的顺利出版和发行。

朱宇林

2018 年 9 月 8 日